让学生循序渐进地
掌握科学阅读方法

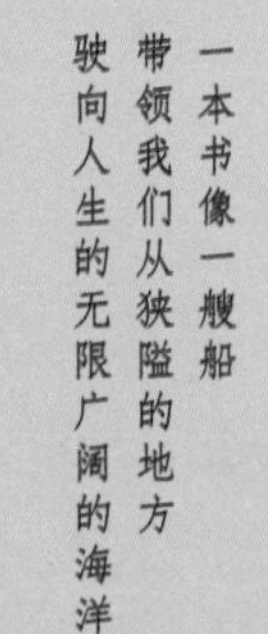


经典润泽心灵
文学点亮人生

读一本好书
点亮一盏心灯
用经典之笔
打好人生底色
与名著为伴
塑造美好心灵

悦读悦好

# 森林报 秋

SENLINBAO QIU

[苏] 比安基 / 著
博尔 / 改编

权威专家亲自审订　一线教师倾力加盟

重庆出版集团 重庆出版社

图书在版编目（CIP）数据
森林报·秋 / (苏) 比安基著；博尔改编. — 重庆：重庆出版社, 2015.5（2016.7重印）
ISBN 978-7-229-09684-7

Ⅰ.①森…　Ⅱ.①比…②博…　Ⅲ.①森林－少儿读物
Ⅳ.①S7-49

中国版本图书馆CIP数据核字(2015)第069416号

**森林报·秋**
（苏）比安基　著　博尔　改编

责任编辑：王　炜
装帧设计：文　利

**重庆出版集团**
**重庆出版社**　**出版、发行**

重庆市南岸区南滨路162号1幢
邮政编码：400061　http://www.cqph.com
北京彩虹伟业印刷有限公司印刷
全国新华书店经销

开本：710mm×1000mm　1/16　印张：9　字数：110千
2015年5月第1版　2016年7月第3次印刷
ISBN 978-7-229-09684-7
定价：30.00元

如发现质量问题，请与我们联系：（010）52464663

# ◎扬起书海远航的风帆◎

——写在“悦读悦好”丛书问世之际

阅读是中小学语文教学的重要任务之一。只有把阅读切实抓好了，才可能从根本上提高中小学生的语文水平。

青少年正处于求知的黄金岁月，必须热爱阅读，学会阅读，多读书，读好书。

然而，书海茫茫，浩如烟海，该从哪里“入海”呢？

这套“悦读悦好”丛书的问世，就是给广大青少年书海扬帆指点迷津的一盏引航灯。

“悦读悦好”丛书以教育部制定的《语文课程标准》中推荐的阅读书目为依据，精选了六十余部古今中外的名著。这些名著能够陶冶你们的心灵，启迪你们的智慧，营养丰富，而且“香甜可口”。相信每一位青少年朋友都会爱不释手。

阅读可以自我摸索，也可以拜师指导，后者比前者显然有更高的阅读效率。本丛书对每一部作品的作者、生平、作品特点及生僻的词语均作了必要的注释，为青少年的阅读扫清了知识上的障碍。然后以互动栏目的形式，设计了一系列理解作品的习题，从字词的认读，到内容的掌握，再到立意的感悟、写法的借鉴等，应有尽有，确保大家能够由浅入深、循序渐进地掌握科学阅读的基本方法。

本丛书为青少年学会阅读铺就了一条平坦的大道，它将帮助青少年在人生的路上纵马奔驰。

本丛书既可供大家自读、自学、自练，又可供教师在课堂上作为“课本”使用，也可作为家长辅导孩子学好语文的参考资料。

众所周知，阅读是一种能力。任何能力，都是练会的，而不是讲会的。再好的“课本”，也得靠同学们亲自费眼神、动脑筋去读，去学，去练。再明亮的“引航灯”，也只能起引领作用，代替不了你驾轻舟乘风破浪的航行。正所谓“师傅领进门，修行靠个人”。

作为一名语文教育的老工作者，我衷心地祝福青少年们：以本丛书升起风帆，开启在书海的壮丽远航，早日练出卓越的阅读能力，读万卷书，行万里路，成为信息时代的巨人！

高兴之余，说了以上的话，是为序。

人民教育出版社编审 张定远

原全国中语会理事长 2014.10 北京

# ◎ 悦读悦好 ◎

——用 愉悦的心情读好书

很多时候，我们往往是有了结果才来探求过程，比如某同学考试得满分或者第一名，大家在叹服之余自然会追问一个问题——他（她）是怎么学的？……

能得满分或第一名的同学自然是优秀的。但不要忘了，其实我们自己也很优秀，我们还没有取得优异成绩的原因可能是勤奋不够，也可能是学习意识没有形成、学习方法不够有效……

优秀的同学非常注重自身的修炼，注意培养良好的学习习惯和学习能力，尤其是总结适合自己的学习方法和学习途径。阅读是丰富和发展自己的重要方法和途径，阅读可以使我们获得大量知识信息，丰富知识储量，阅读使我们感悟出更多、更好的东西——我们在阅读中获得、在阅读中感悟、在阅读中进步、在阅读中提升。

为帮助广大学生在学习好科学知识、取得理想的学业成绩的同时，还能培养良好的学习意识和学习能力、构建科学的学习策略，形成属于自己的学习方法和发展路线，我们聘请全国教育专家、人民教育出版社语文资深编审张定远、熊江平、孟令全等权威专家和一批资深教研员、名师、全国著名心理学咨询师联袂打造本系列丛书——“悦读悦好”。丛书精选新课标推荐名著，在构造上力求知识性、趣味性的统一，符合学生的年龄特点、阅读习惯和行为习惯。更在培养阅读意识、阅读方法、能力提升上有独特的创新，并增加 “悦读必考” 栏目以促进学生有效完成学业，取得优良成绩。

本丛书图文并茂，栏目设置科学合理，解读通俗易懂，由浅入深，根据教学需要划分为初级版、中级版和高级版三个模块，层次清晰，既适合课堂集中学习，也充分照顾学生自学的需求，还适合家长辅导使用；既有知识系统梳理和讲解，也有适量的知识拓展；既留给学生充分的选择空间，也充分体现新课改对考试的要求，是一套有价值的学习读物。

没有最好，只有更好。本套丛书在编撰过程中，得到教育专家、名师的广泛关注指导，广大教师和同学们的积极支持参与，对此我们表示最真诚的感谢！我们将热忱欢迎广大教师和学生给我们提出宝贵意见，以便再版时丰富完善。

**“悦读悦好”编委会**

# ◎ 功能结构示意图 ◎

★精美插图
充满童趣的精美插图，与内容紧密结合，相得益彰，同时活跃了版面，增加了学生阅读的愿望和情趣。
秋季第一月｜9月21日到10月20日
候鸟离乡月
·太阳进入天秤宫·
森林通讯员发来的电报
悦读必考
悦读链接
★旁 批
选读，通过对字、词、句、段的注解，以及对地理环境、人物事件、民族风情的注释，帮助学生有效地理解和运用。
★悦读链接
选读，精选与选文关联的知识、人物、事件等，帮助学生更好地理解选文，拓宽视野。
★悦读必考
必做，精选学生必考的知识点，与教学考试接轨，同时通过练习提高学习成绩，强化学习能力。

# “悦读悦好”系列阅读计划

在人的一生中，获得知识离不开阅读。可以说阅读在帮助孩子学习知识、掌握技能、培养能力、健康成长等方面都有着重要的不可或缺的作用。阅读不仅仅帮助孩子取得较好的考试成绩，而且对孩子各种基础能力的提高都有重大的意义。培养孩子的阅读兴趣和养成良好的阅读习惯、掌握有效的阅读技能是教育首先要解决的重大课题之一。为此，我们为学生制订了如下科学合理的阅读计划。

| 学段 | 阅读策略 | 阅读推荐 | 阅读建议 |
| --- | --- | --- | --- |
| 1～2年级 | 适合蒙学，主要特点是韵律诵读、识字、写字和复述文段等。<br>目标：初步了解文段的大致意思、记住主要的知识要点。 | 适合初级版。<br>《三字经》<br>《百家姓》<br>《声律启蒙》<br>《格林童话》<br>《成语故事》<br>…… | 适合群学——诵读比赛、接龙、抢答。<br>阅读4～8本经典名著，以简单理解和兴趣阅读为主，建议精读1本（背诵），每周应不少于6小时。 |
| 3～4年级 | 适合意念阅读，在教师或家长引导下，培养由需求而产生的愿望、向往或冲动的阅读行为。<br>目标：培养阅读兴趣，养成良好的阅读习惯。 | 适合初级版和中级版。<br>《增广贤文》<br>《唐诗三百首》<br>《十万个为什么》<br>《少儿百科全书》<br>《中外名人故事》<br>…… | 适合兴趣阅读和群学。<br>阅读8～16本经典名著，以理解、欣赏阅读为主，逐步关注学生自己喜欢或好的作品，每周应不少于6小时。 |
| 5～6年级 | 适合有目的的理解性阅读，主要特点依据教学和自身的需要选择合适的阅读材料。<br>目标：逐步培养阅读能力，培养学习意志和初步选择意识。 | 适合中级和高级版。<br>《柳林风声》<br>《尼尔斯骑鹅旅行记》<br>《海底两万里》<br>《鲁滨孙漂流记》<br>《钢铁是怎样炼成的》<br>…… | 适合目标性阅读和选择性阅读。<br>选择与教学关联为主的阅读材料；选择经典名著并对经典名著有自己的理解和偏好。每周应不少于10小时。 |
| 7～9年级 | 适合欣赏、联想性和获取知识性阅读。<br>学生的人生观、世界观和价值观日渐形成，通过阅读积累知识、提高能力、理解反思，达成成长目标。 | 适合中级和高级版。<br>《论语》<br>《水浒传》<br>《史记故事》<br>《爱的教育》<br>《三十六计故事》<br>…… | 适合鉴赏和分析性阅读。<br>适当加大精读数量，培养阅读品质（如意志、心态等），形成分析、反省、质疑和批判性的阅读能力。 |

# 目录

## ◎秋季第一月——候鸟离乡月



## ◎秋季第二月——储备粮食月

MU
LU

# 森林历

SENLINLI

NO.1 冬眠苏醒月 —— 3月21日到4月20日

NO.2 候鸟返乡月 —— 4月21日到5月20日

NO.3 歌唱舞蹈月 —— 5月21日到6月21日

NO.4 建造家园月 —— 6月21日到7月20日

NO.5 雏鸟出世月 —— 7月21日到8月20日

NO.6 成群结队月 —— 8月21日到9月20日

NO.7 候鸟离乡月 —— 9月21日到10月20日

NO.8 储备粮食月 —— 10月21日到11月20日

NO.9 迎接冬客月 —— 11月21日到12月20日

NO.10 银路初现月 —— 12月21日到1月20日

NO.11 忍饥挨饿月 —— 1月21日到2月20日

NO.12 忍受残冬月 —— 2月21日到3月20日

No.7

秋季第一月 | 9月21日到10月20日

# 候鸟离乡月

·太阳进入天秤宫·

# 一年：12个月的欢乐诗篇——9月

**密集**

使紧密，数量很多地聚集在一处。

9月——愁眉不展的月份！天空中的乌云越来越密集，风的嘶吼声也越来越大。秋天的第一个月开始了！

和春天一样，秋天也有自己的工作计划。不过，和春天相反，秋天的工作是从空 中开始的！

高高地长在头顶的树叶，正一点一点地改变颜色，从绿色变成红色、黄色、褐色。随着一阵秋风，它们从枝头飘下来，轻飘飘地落在地上。在树枝上原本长着叶柄的地方，会形成一个个颓败的圆环。不久，森林就会脱掉它华丽的夏装了。

**颓败**

衰落，腐败。

雨燕已经消失了踪迹，家燕、灰鹤、野鸭等鸟类也都集合成群，踏上了遥远的旅途。森林里的居民们都在做过冬的准备。它们有的把自己裹得严严实实、暖暖和和，有的干脆把自己藏起来。许多生命都中止了，要等到明年春天才能 重新开始。

地面上，改变也在进行。某天早晨起床，你忽然发现，青草上已经有了白霜。于是，你知道，从这一天起，秋天真的来到了！

**空旷**

空荡荡的，视野开阔，无阻挡物。

天空中越来越空旷，地面上也越来越冷清，连水都开始变冷了。

## 悦读链接

### 霜

霜是秋天标志性的气候状况。早上起床出门，我们可以看到，植物表面、道路上、土地上都会结上一层或厚或薄的白霜。

为什么植物表面会结霜？这是因为植物在夜间散热很慢，而地面的温度又非常低，这样植物表面的水分在蒸发前，还没离开叶面时就被冻结了，因此就形成了霜。

为什么地面会结霜？这是因为夜间地面冷却到0℃以下时，空气中的水汽凝结在地面或地面上的物体表面形成冰晶。

霜多形成于夜晚，这是因为在夜间，地面上的物体向外辐射热量，它们的温度就降低了，而此时较暖的空气和较冷的物体相接触时空气就会冷却；当达到饱和时，多余的水在零度以下就凝结成霜了。

## 悦读必考

1. 写出至少三个和“颓”字偏旁相同的字。

______________________________

2. 仿照下面的句子，写一个拟人句。

雨燕已经消失了踪迹，家燕、灰鹤、野鸭……也都集合成群，踏上了遥远的旅途。

______________________________

______________________________

# 森林通讯员发来的电报

鸣禽

叫声好听的鸟类，能发出婉转动听的鸣声。

那些身穿华丽服装的鸣禽已经离开了这里，我们没有看到它们出发时的情形，因为它们都是在半夜起飞的。它们之所以选择夜里飞走，是因为这样 更安全。黑暗中，游隼、老鹰和其他猛禽不会来捉它们；而白天，这些家伙就会从森林里飞出来，在半路等着它们了。

在候鸟飞行线上，出现了一大批水禽——野鸭、潜鸟、大雁，它们也离开了。

森林里，叶子都黄了。兔妈妈却生下了一窝小兔！这是今年最后一窝小兔了，我们送给它们一个恰当的名字——“落叶兔”。

整装待发

整理好行装，等待出发。整，整理，整顿。

在海湾的淤泥上，出现了一些奇怪的小十字和小点儿。于是，我们在附近搭了个小棚子，埋伏在那里，想看看到底是谁在淘气！

## 离别的歌声

白桦树上的叶子已经掉得差不多了。光秃秃的树干上，一个小小的椋鸟房正在随风晃动，它的主人已经离开了。远处，椋鸟群正在整装待发，也许今天，也许明天，它们就要上路了。

不知怎么回事，两只椋鸟离开鸟群，朝椋鸟房飞来。雌鸟钻进房里，煞有介事地忙碌起来；雄鸟站在枝头，向四周望了望，然后唱起歌来。它的歌声很小，好像是专门唱给自己听的。

不一会儿，雄鸟的歌唱完了，雌鸟也从房里钻出来。它们绕着椋鸟房飞了一圈，这才急急忙忙朝鸟群飞去。原来，它们是来告别的。整整一个夏天，它们都住在这所小房子里。明年春天，它们还会回到这里。

告别

通知离别，辞别。

从那以后，每天夜里，都会有一批鸟儿离开。它们排着整齐的队伍，慢慢地飞着。这和春天可不太一样。看来，它们都不愿意离开家乡。

至于它们飞走的次序，和来的时候正好相反。那些色彩艳丽、羽毛花哨的鸟儿最先飞走；而那些在春天时最先回来的燕雀、百灵、鸥鸟则是最后一批离开。还有许多鸟迁徙时是年轻的在前面开路，燕雀是雌鸟先飞，比较强壮有力、有耐性的鸟会在故乡多停留一段时间。

次序

排列的先后。

这些队伍，大多数直接飞向南方——法国、意大利、西班牙、地中海沿岸各国和非洲等地。还有些飞向 东方，经过乌拉尔、西伯利亚，一直飞到印度去。几千千米的路程，在它们的脚下一闪而过。

## 水晶般的早晨

收拾

整理、布置、整顿。

9月15日，和平常一样，一大早我就起来了，收拾了一下便朝花园走去。

天很蓝，没有一丝云彩。我慢慢地走着。在两棵小云杉中间，我看到了一张银色的蛛网，一只小蜘蛛缩成一团，挂在网中央，一动不动。我不知道，它是在睡觉，还是已经被冻死在这微凉的清晨。

于是，我伸出指头小心地碰了它一下。它竟然像一颗小石子一样，沉重地砸在了地上！可是，我看到，它的身子刚一沾地，立刻就跳起来，飞也似地爬进草丛，不见了！

好一个会骗人的家伙！

看着还在微微晃动的蛛网，我心想：不知道它会不会再回到这张网上？还是再另外织一张网？织这样一张精巧的网，得花费它多少时间、多少心血啊！

精巧

（技术、器物构造等）精细巧妙。

停了一会儿，我接着朝前走去。路边的每一株草上都顶着一颗亮闪闪的露珠，将草地也染成了银色。最后几朵小野菊，耷拉着被露水打湿的裙子，等着太阳温暖它们。

在纯净的、水晶一样的空气中，不论是五彩缤纷的叶子，还是被露水染成银色的草地、树丛，都是那样美丽，让人快乐。或许，唯一的例外就是那棵粘在一起的、湿淋淋的蒲公英和它脚下那只狼狈的灰蛾子。想想今年夏天，它们是多么神奇啊！那时蒲公英的头上，戴着千万朵毛茸茸的降落伞；灰蛾子呢？也曾经光溜溜的，精神百倍！

五彩缤纷
指颜色繁多，色彩绚丽，十分好看的样子。

我很可怜这两个小家伙。于是，我弯下腰，摘下那朵蒲公英，又将灰蛾子放在它的上面，好让它们能沐浴在初升的太阳下。

沐浴
洗澡，洗浴。比喻受润泽，沉浸在某种环境中。

过了好一会儿，它们慢慢地苏醒过来。蒲公英头上的小伞干了，它又变得毛茸茸的了。灰蛾子也恢复了生气。

不远处，一只黑琴鸡正躲在灌木丛中叽里咕噜地叫着。我悄悄地走过去，想从背后看看它是不是还和春天时一样，唱着快乐的歌儿！可我刚走到灌木丛前，那家伙就扑扇着翅膀，贴着我的脚边飞走了。

这时候，远处传来阵阵喇叭声——原来是鹤群。它们也离开我们了……

## 悦读链接

### 蜘蛛织网

蜘蛛可以说是自然界最古老的“纺织工程师”。它们经常在树枝间、屋檐下用蛛丝编织出一张张大网，用来捕捉昆虫等猎物。那么，它们是如何在空中织网的呢？

原来，蜘蛛的蛛丝来自它腹部的纺绩器，纺绩器分泌的液体遇到空气就凝成细丝，蜘蛛就用这些细丝来织网。织网时，蜘蛛先选择好一个合适的地方，伸出一只脚测试风向，然后制造出许多长度足以到达对面的细丝。这些细丝可随风飘荡，一旦一端飘到对面，缠住对面的树枝或其他东西时，蜘蛛就会知道细丝已固定好。有的蜘蛛会先把丝线固定于一点，自己吊在细丝上垂到地面，然后一边放丝一边爬到对面的屋角或树枝上，把细丝固定在新的点上。这样，第一根细丝就架好了。第一根细丝好比蜘蛛的绳桥，蜘蛛可以沿着这座“桥”来回爬行，黏上更多的丝将它加粗。同时，在这条粗丝下方，蜘蛛会平行架设出另一条粗丝。有了这两条粗丝作框架，蜘蛛再织上许多纵线，接着再织出一圈圈的螺旋线将纵线连接起来，这样一张网就织成了。

## 悦读必考

1. 将下面的字减一笔，让它们变成一个新字。

鸣、兔、间、丛

2. 改正错别字。

整妆待发、五采缤纷、花肖

3. 候鸟离开的次序是什么样的？

# 森林大事典

## 游泳旅行

草儿无精打采地低着头。有名的飞毛腿——秧鸡，已经踏上了离乡的旅程。

在海上的长途飞行线上，矶凫和潜鸭离开天空，来到了水面上，开始了它们的水上的旅程。它们就这样游着，游过了湖泊和河流，游离了家乡。

它们甚至不用像野鸭那样，先在水面上抬一下身子，再猛地钻到水里。它们只要微微低一下头，脚蹼使劲儿一划，就钻到了深深的水底。在那里，它们就像在家里一样安全，完全不用担心猛禽的追踪。

脚蹼

一些水栖动物或有水栖习性的动物，在它们的趾间具有一层皮膜，可用来进行划水运动，这层皮膜称为蹼。

是啊，反正它们的飞行本领比那些猛禽差了很多，又何必飞到空中去冒险呢？还是这样吧，游着泳来做一次长途旅行。

## 最后一批浆果

草地上的蔓越橘熟了，隔着老远就能看见它们。可是，却看不到它们长在什么上面。等走到跟前，你才会发现，在青苔上，蜿蜒着一些细细的茎，茎两旁长着一些硬挺挺的小叶子。这就是蔓越橘的家。

喑哑

嗓子干涩发不出声音，或发音低而不清楚。

## 林中大汉的战斗

傍晚，森林里传来喑哑的吼叫声，那是有名的林中大汉——雄麋鹿在向对手挑战。

战场在空地上，

两个“战士”眼睛里布满血丝，一边用蹄子刨着地，一边晃动着笨重的犄角瞪着对方。突然，它们一个前冲，扑向对手，两个巨大的头颅撞在了一起，犄角绞着犄角，使劲儿纠缠着，谁也不肯退后。

纠缠

指相互缠绕或遭人烦扰不休。

一会儿，它们又突然分开了，继续刚才的动作：刨地，对视。然后再猛冲，撞 击！很多人把公麋鹿叫作“犁角兽”，那真的很贴切，因为它们的犄角又宽又大，就像犁一样。

犁

翻土用的工具，有许多种，用牲畜或者机器牵引。

像上面这样的争斗每年都在进行。那些战败的雄麋鹿，有的拖着受伤的身子慌慌张张地逃走，有的则被撞断脖子，死在对手的蹄子下。

战胜者呢？更加大声地嘶吼起来，那是胜利的宣告。从此以后，它就是这一片的主人。它不容许任何一只公麋鹿来到它的领土，即使一只小麋鹿也不行。然后，它就转身朝森林走去。在森林的深处，一只美丽的雌麋鹿正 等着它。

## 等待帮手

这个季节，所有的植物也都在忙着安顿后代。

槭树枝上垂下来一对对翅果，它们已经裂开了一条小缝儿，正等待着秋风把它们吹落，传播。各种草儿也在等待着风。香蒲的茎，长得比沼泽地里的草还要高，高高的茎秆顶梢，已经穿上了一件褐色的小皮袄；山柳

翅果

又称翼果，是一种风播果实，在子房壁上长有由纤维组织构成的薄翅状附属物。

菊也准备好了毛茸茸的小球儿，单等风儿一来，它们就出发了。

田里以及路旁的植物，也在等待。不过，它们等待的不是风，而是两条腿的人和四条腿的动物。它们已经准备好了带钩子的果实，要是有人或动物从它们旁边路过，它们就会钩住他们的衣衫或它们的皮毛。这些植物，有牛蒡、金盏花，还有猪秧秧。

猪秧秧

应为“猪殃殃”。茜草科拉拉藤属植物。

## 秋天的美味

现在，森林里真凄凉。光秃秃、湿漉漉的，散发出一股烂树叶的味道！

凄凉

寂寞冷落。

或许，唯一能给人以安慰的就是口蘑。它们有的一堆堆、一簇簇爬满了树墩子、树干，有的三两成群，散布在草地上。

安慰

安顿抚慰。用欢娱、希望、保证，以及同情心减轻、安抚或鼓励。

这会儿，它们那淡褐色的小帽子还绷得紧紧的，下面围着一条白色的小围巾。整个帽子上都是细细的小鳞片，看上去让人非常舒服。过不了几天，小帽子的边儿就会翘起来，变成一顶真正的帽子，而小围巾则会变成一条小领子。

如果你想享用这秋天的美味，你一定得熟知它们的特征。因为把毒蕈错认为口蘑，是常有的事！不过，如果你掌握了它们的特征，就简单多了。比如，毒蕈的帽子下都没有领子，蕈帽上没有鳞片。至于蕈帽的颜色，比口蘑要鲜艳得多，有黄色的，还有粉红色的。

## 森林通讯员发来的电报

我们躲起来，偷偷地进行观察。经过一段时间，我们终于搞清楚了，在淤泥地上印上小十字和小点儿的，是滨鹬。

原来，这些布满淤泥的海湾，是它们休息的地方和小饭馆。它们在这里迈着大步，来回溜达，留下许多十字形的脚趾印。要是饿了，它们就把长长的嘴巴伸进淤泥里，把里面的小虫子掏出来当早饭。所以，凡是长嘴插过的地方，都留下一个小点儿。

溜达

人闲来无事四处闲逛，到处走。

## 悦读链接

### 秧　鸡

秧鸡是鹤形目秧鸡科的130多种鸟类的统称。它们体型瘦小，形状像鸡，小的就像麻雀，大的也不过和鸡差不多大小。秧鸡翅膀短圆，尾巴很短，脚大趾长，因此不善飞行而善走，受惊时可以勉强飞起，但是只能飞很短的距离，又会落到地面。秧鸡属于沼泽涉禽，广泛分布在亚欧非大陆湿地的稠密草丛中，细瘦的身体使它便于穿过芦苇和沼泽草丛。部分秧鸡种群有向南迁徙，到中东和亚洲西南部过冬的习惯。它们迁徙时，都是徒步往返，选择路线都是沿着湿地。

## 悦读必考

1. 把下面句中的关联词用其他关联词替换，不能改变句意。

   要是饿了，它们就把长长的嘴巴伸到淤泥里，把里面的小虫子掏出来当早饭。

2. 为什么把雄麋鹿叫做“犁角兽”？你还知道哪些有外号的动物吗？

# 城市新闻

## 野蛮的空袭

白天，在列宁格勒的伊萨基耶夫斯基广场上，上演了一出野蛮的空袭剧：一群鸽子刚飞起来，一只大隼突然从旁边教堂的屋顶上冲出来，向鸽群猛扑过去。霎时间，空中羽毛乱飞，叫声凄厉。人们看见，那群受惊的鸽子，惊慌失措地躲进了一幢房子的屋顶下。那个野蛮的入侵者则带着它的战利品返回了教堂的屋顶。

凄厉

形容声音凄惨悲切。

我们列宁格勒是大隼的必经之路。每年，这些强盗都会将窝建在教堂的屋顶或钟楼上，伺机捕食猎物。

## 黑夜里的惊扰

住在城郊的人们，差不多每天夜里都会听到骚扰声。往往睡得正香，就突然听到院子里闹哄哄的，人们从床上爬起来，把头伸到窗户外观看。只见那些家禽都在使劲儿地扑打着翅膀，叽叽嘎嘎地乱叫。出了什么乱子？是黄鼠狼来吃它们了吗？还是有狐狸钻进了院子？

骚扰

指扰乱他人，使其不得安宁。

噩梦

引起极度不安或惊恐不已的梦。

可是，在石头圈成的围墙里，在装着大铁门的院子里，又怎么会有黄鼠狼和狐狸跑进来呢？

主人们披上大衣，在院子里转了一圈，又检查了一下围家禽的栅栏，一切都正常！

或许，刚才它们只是在做噩梦。现在不是都已经安静下来了吗？

于是，主人回到屋里，安心睡觉去了。可只过了一个钟头，院子里又“嘎嘎嘎”地吵了起来。

到底是怎么回事啊？

主人们打开窗子。黑漆漆的天空中，只有星星发出微弱的光。可是，过了一会儿，夜空中掠过一些奇形怪状的影子，一个接一个，把星星都遮住了！同时还传来一阵轻轻的、断断续续的叫声。这时，主人们才明白过来，原来是迁徙的鸟群。

奇形怪状
不同一般的，奇奇怪怪的形状。

它们在黑暗中发出召唤，好像在说："上路吧！离开寒冷和饥饿！上路吧！"

所有的家禽都醒了过来。它们伸长脖子，拍打着笨重的翅膀，望着黑暗的天空中那些自由的兄弟。

过了好一会儿，空中的影子已经消失在远方，唧唧嘎嘎的叫声也听不见了。可院子里那些早已经忘记怎样飞行的家禽，却还在不停地叫着，那叫声又苦闷，又悲凉。

悲凉
悲哀凄凉。

## 山　鼠

我们正在挑选马铃薯。突然，从牲畜栏里传来沙沙的声音。一只狗闻声跑过来，围着牲畜栏嗅起来，可那声音依旧没有停止。

依旧
依然像从前一样。

狗伸出爪子，开始刨地，因为那声音好像已经转入了地下。

不一会儿，一个小坑出现在狗的脚下，坑里露出一个小兽的头。狗更用劲儿地刨起来，坑越来越大，已经看到那只小兽的半个身子了。狗张开嘴巴，将它拖出来，甩到了一旁。那是一只灰蓝色的小兽，还带着黄黑色的斑点，就像一只猫那么大。我们管它叫山鼠。

## 把采蘑菇的事儿都忘了

前些天，我和几个同学去森林里采蘑菇。这时，我看到了四只灰色的榛鸡，便悄悄地走过去，可还没等我走近，它们就被吓跑了。

后来，在一个树墩上，我又看到一条死去的蛇。看样子，它死了好久了，已经风干了。树墩上有个洞，我低下头，里面传来“咝咝”的叫声。我吓坏了，心想：“这一定是蛇的洞穴！”便赶紧走开了。

在沼泽地边上，我看见几只鹤从沼泽上空飞过。从前，我只在图画书上看到过它们。

最后，同学们的篮子都装满了蘑菇，我却只顾着东张西望，早把采蘑菇的事儿忘了！

**榛鸡**

俗称“飞龙”。在全世界共有3种，即花尾榛鸡，斑尾榛鸡和披肩鸡。在我国属于国家一级保护动物。我国较多见的是花尾榛鸡。在严冬，花尾榛鸡经常在树上活动，钻进雪窝里过夜，是一种留鸟。

**东张西望**

形容这里那里到处看。张，看。

## 喜　鹊

还是春天的时候，几个孩子捣毁了一个喜鹊窝，捉到几只小喜鹊，于是我便从他们手里买过来一只。

一天后，这只小喜鹊就和我熟悉了。第二天，它已经敢从我的手里啄东西吃了。于是，我给它起了个名字，叫作“魔术师”。它好像很喜欢这个名字，只要我

**捣毁**

用强大的力量击垮，摧毁。

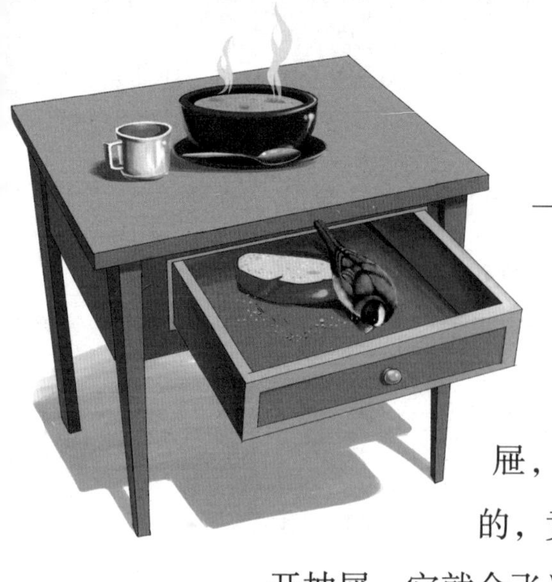

一叫，它就会飞快地飞过来。

不久，“魔术师”的翅膀长齐了，它开始四处乱飞。在我们的厨房里，有一张桌子，桌子上有个抽屉，里面总是放着一些吃的。不知怎么的，竟被“魔术师”看到了。每当我们拉开抽屉，它就会飞过来，一头扎进抽屉里，啄食里面的东西。你要是拉它出来，它还叽叽喳喳地不愿意呢。

就是在我们吃早饭的时候，“魔术师”也不闲着，它总是第一个飞上餐桌，又是抓糖，又是拿面包，有时还会把爪子伸到热牛奶里！

最可笑的是那次，我正在菜园里给胡萝卜除草。“魔术师”飞过来，蹲在我旁边看了一会儿，便伸出爪子，学着我的样子，把一根根绿苗拔起来，堆成一堆。可它哪知道应该拔什么，所以就把杂草和胡萝卜苗一起拔了出来！唉，这个好帮手啊！

## 都躲起来了

天越来越冷，血液都快要冻僵了。森林里，动物们也在告别。

长尾巴的蝾螈，在池塘里住了一个夏天，一次也没有出来过。可现在，它爬上岸，慢慢地爬进树林，找到一个腐烂的树墩钻了进去。青蛙却正好相反。它们从岸

蝾螈

小型两栖动物中的一种，包括有尾目，外表类似蜥蜴类，但无鳞片，身体为软和湿润的皮肤所覆盖，成体通常是半陆栖性的，生活在潮湿阴暗的地方。

上跳进池塘，钻进了深深的淤泥里。还有蛇和蜥蜴，它们躲到树根底下，把身子埋进暖和的青苔里。蝴蝶、苍蝇、蚊子、甲虫，也都钻进了树皮和墙缝的空隙里。蚂蚁将所有的大门都封起来，躲进了蚁穴的最深处，缩作一团，一动也不动了。

与寒冷相伴的是饥饿，挨饿的日子来临了！蝙蝠没有东西吃，只好躲进了树洞、石穴或是人家的阁楼。在那里，它们随便用后爪抓住一样东西，头朝下挂在那里，用翅膀裹住自己的身子，睡着了。

刺猬躲进了树根下的草窠子，獾也不常出洞了。

**屹立**

高耸挺立，比喻坚定不动摇。

**迁徙**

从一处搬到另一处。泛指生物为了生活或生存，周期或规律性地从一地迁移到另一地。

## 从天上看秋天

如果能从天上看看我们的国家，该是件多么幸福的事啊！秋天，乘坐热气球飞上天空，比屹立的森林还要高，比漂浮的白云还要高。这时，往下眺望，你会看到许多新奇的东西。比如有什么东西在大地上移动，从森林到草原，再到山丘和海洋。原来，是成群的鸟儿。它们离开故乡，往过冬地迁徙。

当然，并不是所有的鸟儿都飞走，还有很多会留下来，比如麻雀、鸽子、灰雀、山雀、啄木鸟，所有的野鸡类，除了鹌

鹀，也都不走。还有老鹰和大猫头鹰，它们也会留下。

## 它们都飞去哪儿

你是不是以为所有的鸟儿都是在差不多的时间，从北方飞到南方去过冬的？才不是呢！

不同的鸟儿飞走的时间也各不相同。大多数选择夜里出发，这样会更安全一些，但也有些特地拣大白天出发。有些走得早点儿，有些要等到没有吃的了才走。有些是从北方飞往南方，但也有些是从东方飞到西方，有些正好相反，从西方飞往东方！而我们这儿的一些鸟，则一直向北，飞到遥远的北方去过冬！

## 从西向东

早在8月份，红色的朱雀就从波罗的海、列宁格勒和诺甫戈罗德动身，踏上了迁徙的旅程。它们从容不迫地飞着，反正到处都是吃的，到处都可以休息，况且又不是赶回故乡去生儿育女。

从容不迫

非常镇静，不慌不忙的样子。

它们向着东方，飞过伏尔加河，飞过乌拉尔山。现在，它们正飞向巴拉巴——西伯利亚草原的西部。它们从一片丛林到另一片丛林，不停地飞着，飞着。

大多数时间，它们都是选择夜里起飞，白天则休息、吃东西。即便这样，悲惨的事情还是会随时发生——一不留神，就会被老鹰或大隼捉去一两只。

在西伯利亚，到处都是猛禽，雀鹰、燕隼什么的，它们飞得快极了，那些小鸟根本没有机会躲避！

## Φ-197357号铝环的简史

1955年7月5日，我们这儿的一位青年科学家在一只北极燕鸥的雏鸟的脚上，套上了一只轻巧的小金属环，金属环上还有一组号码：Φ-197357。

雏鸟
指不能独立生活的幼小鸟类。

不久，燕鸥群开始了它们的冬季旅行。它们先朝北飞到白海海域，接着转向西，沿着科拉半岛北岸飞了一段，又转 向南飞，沿着挪威、英国、葡萄牙和整个非洲的海岸线，一直飞到好望角，再转 向东，飞向印度洋。

第二年5月16日，一位澳大利亚科学家捉住了这只脚上戴着金属环的小燕鸥。这里，已经是距离它出发的地方24000千米之外了。

## 从东往西

每年秋天，从奥涅加湖上，总会浮起大片“乌云”和“白云”，那是夏天时出生的野鸭和鸥。现在，它们要离开这里向西，向它们的越冬地飞去了。

一路上，它们也会遇到许多危险。这不，在一个小湖边，它们刚想休息一会儿，突然，一只游隼蹿了出来，伸出锋利得如

同尖刀一样的利爪，抓起一只野鸭飞向了高高的天空。

这只游隼不是偶然出现在这里的，而是从奥涅加湖一直跟过来的。吃饱了的时候，它就会蹲在岩石或大树上，看着野鸭群在不远处休息。可只要肚子一饿，它就立刻冲出来，逮一只野鸭来填肚子。

一路上，它就这样跟着野鸭群，飞过列宁格勒，飞过芬兰湾，飞过拉脱维亚，一直飞到大不列颠岛。在那儿，野鸭群停下了，它们准备留在那里过冬。而那个可恶的强盗呢？则跟着别的野鸭群向南飞去。

偶然

突然地，不是经常地，意想不到的。

大不列颠岛

欧洲第一大岛，位于欧洲大陆西岸外的大西洋中，由英格兰、苏格兰及威尔士所组成。

## 向北飞

多毛绵鸭也启程了，它们的目的地是遥远的北冰洋。在那里，有格陵兰海豹，还有拖着长音大声叹息的白鲸。

虽然那里气候严寒，一片黑暗，但多毛绵鸭一点儿也不担心，因为它们那身厚厚的绒毛，是世界上最温暖的大衣。它们穿着这件大衣，从岩石或水草里啄食那些软体动物，吃饱了就舒舒服服地休息，自由自在地度过漫长的北极的冬天。

## 迁徙的秘密

一个阴雨绵绵的早晨，最后一批鸟儿也离开了我们。可是，困扰在我们脑子里的疑问并没有随着它们

的离开而消散：为什么鸟儿会不停地迁徙？难道仅仅是因为饥饿和寒冷吗？可为什么有些鸟儿要等到上冻了、下雪了，没有东西可吃了才离开？而有的鸟儿却总是在一个固定的日期飞走，尽管那个时候它们周围还有许多食物？

消散
消失、离散、消除。

更主要的是，它们是怎么知道越冬地在哪儿的？又是怎么知道该沿着什么路线才能飞到那儿的呢？

越冬
指动植物、昆虫、病菌度过冬季。

或者，有人可能会说：这还不简单？既然鸟儿长着翅膀，那么乐意往哪儿飞，就往哪儿飞呗！至于去的地方，只要比这里暖和就行了。反正那些气候适宜、食物丰富的地方有的是！

可实际上并不是这样。比如朱雀，我们说过，它们会飞到印度过冬；而西伯利亚的游隼，却随着鸭群，经过印度和几十个适于过冬的地方，一直飞到澳大利亚去。

这样看来，促使那些鸟儿万里迢迢，飞越千山万水，飞到遥远的地方去的，并不是饥饿和寒冷这么简单的原因，而应该是一种更复杂的理由。

万里迢迢
形容路程很遥远。

于是，有人推测，这是因为在远古时候，我们国家大部分地区都曾

**排山倒海**

推开高山，翻倒大海。形容力量强盛，声势浩大。

**占据**

用强力取得保持。

经屡次遭到冰河的侵袭。沉甸甸的冰河以排山倒海之势席卷了平原和森林。这个过程一直持续了几百年，很多生物都在严寒中死去了，而鸟儿却靠着它们的翅膀保全了性命。可是，它们的家已经被毁了。于是，第一批鸟飞走了，占据了冰河边的土地。下一批只好飞到远一些的地方，第三批更远……一批接一批，就好像在玩跳背游戏。等到冰河退去的时候，那些被它从家里撵出去的鸟儿，开始返回故乡。飞得不远的，最先回来；飞得远一些的，第二批回来；飞得更远的，再下一批回来——这回，游戏颠倒过来了！

这种游戏玩得慢极了，往往要持续几千年。就这样，在漫长的飞走飞回的过程中，鸟儿们养成了这样一种习惯：秋天，天气冷起来的时候，离开自己的筑巢地；大地回暖时，再返回故乡。这也是地球上那些没有受过冰河侵袭的地方，没有大批候鸟的原因。

可是，秋天的时候，并不是所有的鸟儿都向南——向温暖的地方飞。也有些鸟儿是向别的地方，甚至向更冷的地方飞！

就像多毛绵鸭，它们不就是飞往北冰洋过冬的吗？还有灰

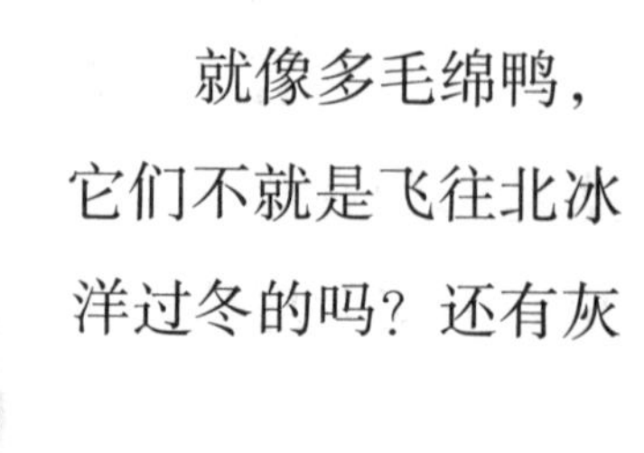

雀和黄雀，它们的故乡在热带，为什么却不远万里来到我们这里过冬呢？这么看来，它们之所以成为候鸟，还有其他的原因了！也许情况是这样的：在它们的故乡，出现了数量过剩的现象。因此，那些年轻的鸟不得不寻找新的居住地孵育下一代。

不远万里

不以万里为远。形容不怕路途遥远。

于是，它们把目光对准了并不太拥挤的北方。毕竟，夏天，在北方并不冷，甚至连那些刚出生的浑身光溜溜的雏鸟，也不必害怕会得伤风感冒。等到天气一冷，它们再返回故乡过冬。就这样，来来回回几千几万年，便养成了迁徙的习惯。

谜题

还没弄明白或难以理解的事物。

还有一种观点认为，迁徙习惯的形成是因为某种鸟类逐渐适应了新的筑巢地。

上面这些关于鸟儿迁徙的假定，也许能向我们说明一些问题。可是，关于迁徙，需要破解的谜题实在是太多了。

比如，我们都知道，候鸟飞行的路程，往往超过几千千米，那么，它们是怎么认路的？

以前，人们普遍认为，在每个迁徙的鸟群里，至少都有一只老鸟。它率领着整个鸟群，沿着它所熟悉的路线飞往过冬地。

可现在，这个说法却被推翻了！因为我们就亲眼见到过，从我们这儿起飞的许多鸟

群中并没有老鸟！可它们依旧在规定的日期到达了过冬地，没出一点儿差错，这真是令人百思不得其解。这些年轻的鸟儿，都是今年夏天才孵出来的。第一次离开家乡，它们是怎么知道越冬的地方的呢？

百思不得其解
百般思索也无法理解。百，多次。解，解答，答案。

亲爱的《森林报》的读者们，看来你们得好好儿研究一下鸟类迁徙的秘密了。或者也说不定，这个秘密还得留给你们的孩子去研究。不过，要解答这个问题，首先得放弃像“本能”这类难懂的词汇，转而从鸟儿的智慧出发，彻底搞明白，鸟类的智慧和我们的有什么不同！

## 森林通讯员发来的电报

霜冻袭来了。灌木的叶子，像被刀削过一样，齐刷刷地飘落下来。蝴蝶、苍蝇、蚊虫都躲起来了。秋风吹过光秃秃的森林，在空地上呼啸而过。树木都睡着了，鸟儿也停止了歌唱。

### 悦读链接

#### 家禽为什么不会飞

我们都知道，饲养家禽的时候，一般除了给它们筑巢之外，不会特意地防备它们飞走。这是因为家禽的飞行能力都很差。同样都是鸟类，家禽为什么就不会飞呢？

家禽都是从野禽驯养而来的。例如家鸡属于鸟纲鸡形目雉科，是由原鸡长期驯化而来的；家鸭属于鸟纲雁形目鸭科，是由绿头鸭长期驯化而来；家鹅属于鸟纲雁形目鸭科，是由大雁长期驯化而来。

经过人类的长期驯养，鸡鸭等家禽长时间不飞，翅膀的飞翔功能逐渐退化，身体也变得较为笨重，所以到了现在，它们就变成不会飞的鸟类了。

## 悦读必考

1.“可是”有以下几种用法：

A. 连接分句等，表转折。　B. 表示意思强硬、肯定。

C.“是否”。

在下面各句后面，写上代表“可是”正确用法的字母。

（1）你别看他年纪轻轻的，他可是我们的经理呢。

（2）来的可是刘备的二弟关羽？

（3）可是据我所知，这场球赛打平了。

2. 所有的候鸟，在秋天都飞到南方过冬吗？如果不是，它们会去哪里呢？

# 在集体农庄里

粮食都收割完了，田野里空荡荡的。

风吹日晒
狂风吹，烈日晒。形容无所遮挡。

铺满峡谷和山坡的亚麻，经过风吹日晒，已经变软了。现在，该把它们收起来，搬到打谷场上，剥下皮取纤维了。

集体农庄的庄员们把最后一批卷心菜装上大车。现在，菜园也空了。

只有秋播的庄稼还发出绿油油的光。

## 沟壑征服者

沟壑
指山沟，借指野死之处或困厄之境，也比喻阻隔。

田里出现了一些沟壑，并且越来越大，已经危害到田地了。于是，我们专门召开了队会，讨论怎样才能不让这些沟壑扩大。其实，办法我们都知道，就是在沟壑周围栽上树，树根固定住土壤，沟壑就不会再扩大了。

这次队会是春天开的。现在，在我们这儿的苗圃里，已经培育出了成千上万棵白杨树苗，以及许多藤蔓灌木和槐树。我们的任务就是帮助大人们将这些树苗移栽到沟壑边。

过不了几年，这些树木就会把沟壑完全征服的。

## 采集种子

现在，有很多树木都结了种子。这时候，最要紧的就是多采集这些种子，送到苗圃里，培育成树木，绿化我们的国家。

采集这些种子，最好在它们完全成熟以前或刚刚成熟的时候，并且要快，不能耽搁。

耽搁
指延迟，延缓。

在这个月里，我们需要采集的种子很多，有苹果树的、野梨树的、红接骨木树的、皂荚树的、板栗树的、沙棘树的、丁香树的和野蔷薇的，等等。

## 好主意

冬天，田里所有的道路都被大雪埋了起来。于是，人们不得不砍下许多小云杉，将它们拦在道路上，免得道路被雪掩埋。或者将它们插在路上作为路标，省得行人在雪中迷路。

免得
以免，省得。

我们想：每年都要砍掉那么多小云杉，多可惜啊！为什么不在道路两边种上活的小云杉呢？于是，我们从森林边挖了许多小云杉，运到道路两旁，栽了下去。现在，这些小云杉住在它们的新居，迅速地生长起来了。

## 悦读链接

### 种　子

俗话说“种瓜得瓜，种豆得豆”，瓜和豆都是用种子种下的，并结出果实和种子来繁殖后代，那么在大千世界里，植物都是需要种子才能繁殖后代的吗？

世界上有一些植物不是靠种子繁殖后代的，但大多数植物都靠种子繁殖后代。它们通常把种子藏在果实里，这样做也是为了保护种子的生长。有的果实里面只有一粒种子，我们常常把这粒种子叫硬核，比如：芒果、桃子、鳄梨等。还有一些果实中有好多种子，这些种子混在多汁的果肉中。例如石榴、猕猴桃等。

## 悦读必考

1. 猜字谜，把答案写在后面。

守门员——________________

走出深闺——________________

拱猪入门——________________

2. 仿照下面的例子写叠词，至少各写三个。

空荡荡：________________

秋雨绵绵：________________

许许多多：________________

3. 为了避免道路被雪掩埋、行人在雪中迷路，人们在道路两边种上活的小云杉作为路标，而不是砍下云杉，将它们拦在道路上。你知道还有哪些方法可以避免不必要的砍伐树木吗？

# 农庄新闻

## 精选母鸡

昨天，在突击队员集体农庄的养鸡场，庄员们精心挑出一些好母鸡，将它们交给专家去鉴定。

精心
专心，周密细心。

专家捉起一只鸡，那是一只长嘴巴、小身子的母鸡。它睁着两只朦朦胧胧的小眼睛，傻乎乎地盯着专家，好像在说："为什么要抓我啊？"

专家把这只母鸡交给一个庄员，说："拿回去吧，这种母鸡我们不需要。"

接着，他又抓起另外一只母鸡。那只母鸡嘴巴短短的，脑袋宽宽的，鲜红的冠子歪到一边，两只眼睛亮晶晶地闪着光。它在专家手里一面拼命地挣扎，一面乱叫着，好像在说："不要打扰我，赶快撒手放我回去，我还要捉虫子吃呢。"

挣扎
竭力支撑或摆脱。

“这只不错。”专家说，“它一定会下很多鸡蛋的。”

原来，母鸡也要精神饱满、精力充沛的才会好好儿下蛋啊！

精力充沛

体力强盛，精神充足。

## 搬新家

春天，鲤鱼妈妈在一个小池塘里产下了卵。现在，这些卵全都变成了小鲤鱼苗，足足有70万条！那个小池塘里除了鲤鱼一家，并没有其他的住户。可半个月后，小鲤鱼苗还是觉得拥挤了。于是，它们便搬到了大池塘里。在那里，它们度过了炎热的夏天，个头儿也长大了，变成了小鲤鱼。现在，小鲤鱼们正准备搬到冬天的池塘里。等过了这个冬天，它们就会长成大孩子了。

炎热

气候极热。

芜菁

别名蔓菁、大头菜，肥大肉质根供食用，肉质根柔嫩、致密，可用炒、煮等方法食用。

## 周日新闻

孩子们正帮朝霞集体农庄的庄员们收作物：冬油菜、芜菁、胡萝卜和香芹菜。他们发现，那些作物大得让人吃惊。芜菁，比他们的头还要大。而胡萝卜，竟然和他们的膝盖一样高，根部则比一个手掌还要宽！

“要是在古时候，一定可以用这个根打仗。”葛娜说，“距离远时，用芜菁做手榴

弹。肉搏战时，就用这个胡萝卜根敲敌人的脑袋！”

“可古时候，根本不会培育出这么大的根。”瓦吉克说。

## 悦读链接

### 萝卜的肉质根

很多人都听过这样一个寓言：两个人合伙种菜，他们约定，一个人决定如何分配，另一个人决定种什么东西。甲决定要地面上的东西，乙就决定种萝卜；甲决定要地面以下的东西，乙就决定种白菜。

但是，很难想象，萝卜和白菜居然是亲缘关系非常近的植物，它们都是十字花科芸薹属一年生或二年生草本植物。那么萝卜的根为什么这么大?

萝卜的肉质根是由主根发育而成，属于变态根，是由主根以及胚轴的上端等部分膨大形成，在肥大的主根中贮存了大量养料，供植物越冬和次年的生长。而白菜，其实也可以长出肉质根，只是不像萝卜根那么大、那么美味而已。

另外，肉质根并不是萝卜独有的形态特征。而且，胡萝卜和萝卜的亲缘关系非常远，胡萝卜是伞形科二年生草本植物。

## 悦读必考

1. 根据字形填空。

上联：双火为炎，此炎非彼盐，何以加水成淡？

下联：二土是____，此____非彼龟，如何占卜为卦？

2. 仿照下面的句子，写一个祈使句。

不要打扰我，赶快撒手放我回去。

______________________________

______________________________

3. 葛娜说："距离远时，用芜菁做手榴弹。肉搏战时，就用这个胡萝卜根敲敌人的脑袋！"这种想法真是异想天开，说说你有过哪些天马行空的想法。

______________________________

______________________________

# 狩　猎

## 受骗的琴鸡

琴鸡集合成群，闹哄哄地飞到浆果树丛中找吃的。突然，传来一阵沙沙的声音。琴鸡们警觉地抬起头。一只北极犬的身影在树丛中一闪而过。琴鸡们吵闹着张开翅膀，不情愿地飞到了树枝上。

警觉
对危险或情况变化的敏锐感觉。

那只北极犬在林子里乱闯了一通，最后停在一棵树下，紧盯着树枝上的一只琴鸡，一动也不动。过了好一会儿，那只琴鸡有些不耐烦了。"真讨厌，干吗老蹲在这儿？赶快滚开，我好去吃浆果啊……”

就在这时，“砰”的一声，这只琴鸡一头栽在地上，死去了！原来，就在它盯着北极犬的时候，躲在树后的猎人开了枪。

琴鸡们吓坏了，扑扇着翅膀飞上了天空。树林在它们脚下闪过，什么地方才没有猎人，才安全呢？

在一片光秃秃的白桦林上，一动不动地蹲着三只黑琴鸡。这儿肯定安全——如果有猎人的话，它们是不会这么安静地蹲在这儿的。

左顾右盼

指向左右两边看。形容得意、犹豫等神态。顾，回头看。盼，看。

于是，琴鸡群降落下来，落在树顶上。可那三只黑琴鸡好像没看到它们一样，连头都没扭一下。琴鸡群仔细打量着它们，是琴鸡，没错啊！黑黑的羽毛，白色的条纹，分叉的尾巴，小眼睛乌黑发亮。

“砰！砰！”又是两声枪响。怎么回事，哪儿来的枪声啊？咦？为什么有两只琴鸡从树上掉下去了？

琴鸡们左顾右盼，什么也没有啊！原来那三只琴鸡还好好儿地待在那儿，一动不动。一定是太害怕了！没事了！琴鸡群安定下来。

“砰！砰！”又有两只琴鸡从树上掉下来。琴鸡群惊慌地飞起

来，飞向了高空。只有那三只琴鸡，还像刚才一样，一动也不动地蹲在树枝上。

烟雾散尽了，猎人从下面一个隐蔽的棚子里走了出来，爬上白桦树，拿起一只琴鸡——那是一只假琴鸡，身子是用黑色的绒布做的，眼睛则是黑玻璃珠子，只有嘴是真正的琴鸡嘴，还有尾巴，也是用琴鸡的羽毛做的。

诡计多端

形容坏主意很多。诡计，狡诈的计谋。端，项目，点。

远处，那群惊慌的琴鸡正拍打着翅膀，仔细打量着身下的每一棵树，每一丛灌木，却始终不敢落下去。是啊，谁知道在那儿还会不会遇到危险？那些诡计多端的猎人，你永远也猜不透他们会用什么方法来暗算你！

## 好奇的大雁

谨慎

指对外界事物或自己言行密切注意，以免发生不利或不幸的事情。

每个猎人都知道，雁是一种很好奇，但又很谨慎的鸟。

即使休息，它们也会选择在远离河岸的沙滩上落脚。因为那儿，不管你是坐车还是走路，都过不去。所以，雁们可以安心地把头缩在翅膀下睡大觉，根本不用担心什么。更何况，它们还

有哨兵呢！

在雁群里，担任哨兵的都是那些有丰富经验的老雁。当别的大雁睡觉时，它就把眼睛睁得大大的，全 神贯注地注视着四周。

这时，岸边出现了一只小狗，在河边上跑来跑去。老雁伸长了脖子，见那只小狗一会儿跑到这边，一会儿又跑到那边，好像在捡什么东西。它到底在干什么呀？得过去看看清楚。

于是，一个哨兵蹒跚地走进水里，向岸边游去。水声惊醒了几只昏睡的雁，它们也看见了那只小狗，便都向岸边游去。

蹒跚
腿脚不灵便，走路缓慢、摇摆的样子。

等到了近前，雁们才看清。原来，岸上一块大石头的后面，不知是谁正在往外扔面包渣，一会儿往左，一会儿往右，那狗左扑右逮，正是在捡那些面包渣。

可到底是谁扔的呢？那些雁靠近河岸，伸长脖子，使劲儿向石头后看去。这时，几颗霰弹从石头后飞出来，打中了这些好奇的大雁。

霰弹
泛指一发内包含多发弹丸的子弹。

## 六条腿的马

雁群正在田里觅食，有几只站在周围放哨。只要有人或狗经过，它们就发出警报。

觅食
指动物到处搜寻食物吃。

不远处，几匹马在走来走去。雁才不怕它们呢！谁都知道，马是一种温和的动物，从来不会侵犯那些飞禽。一匹马离开同伴，朝雁群走了过来。可这匹马怎么长着六条腿啊？四条是普通的腿，另外两条却穿着裤子。放哨的雁“嘎嘎”地叫起来，发出警报。雁群鼓起翅膀，飞向了天空。

这时，一个猎人从马后面走出来，懊恼地看着渐渐飞远的雁群。

## 吹响战斗的号角

**气势汹汹**

形容态度、声势凶猛而嚣张。气势，态度、声势。汹汹，气势盛大的样子。

**庞然大物**

指高大笨重的东西。现在也用来形容表面上很强大但实际上很虚弱的事物。庞然，高大的样子。

每天晚上，森林里都会响起麋鹿们战斗的号角声。今天也不例外，天还没黑透，号角声就响起来了，好像在说：“不要命的过来吧！”

一只老麋鹿从林子里走出来，它大概有两米高，巨大的犄角分成了三个叉。它是来应战的！可是，面对这样一个大力士，还有谁敢来挑战吗？当然，因为号角声还在响着。

老麋鹿抬起笨重的蹄子，气势汹汹地向前冲去，嘴里还发出一阵阵应战的吼声。这吼声真可怕，吓得琴鸡飞下了白桦树，朝远处逃去；吓得兔子离开了灌木丛，逃向了密林。

可是，号角声还没有停下来。这个庞然大物

真的发怒了，它低下头，径直朝声音响起的地方冲去。森林逐渐稀疏，一片空地出现在面前，号角声就是从这儿传来的。老麋鹿加快了速度，恨不得立即就把那个挑战的家伙踩个稀巴烂！就在这时，随着一声枪响，一个猎人从树后钻了出来，腰里还挂着个大喇叭，里面正传来阵阵号角声。

老麋鹿拔腿朝森林逃去，可已经晚了，身上的伤口在不停地流着血，在它身后洒下了一条长长的红线。不一会儿，这个森林里的大汉就摇摇晃晃地摔倒在地，起不来了。

## 围　猎

10月15日，报上宣布，猎兔开禁了。车站上挤满了猎人，每个人都精神抖擞，很多人的身边还带着猎犬。所有的人都在为即将到来的围猎做准备。

抖擞
指振动，引申为振作。形容精神振奋，饱满。

今年，我们准备到塞索伊奇那儿，参加围猎兔子。我们一行共12人，占了车厢里的三个小间。我们的同伴中有个大胖子，体重足足有150千克。他刚一上车，就吸引了所有乘客的目光，每个人都惊奇地瞧着他，那神情分明是不相信他也是去围猎的。

的确，胖子并不是猎人，他只不过是遵循医生的嘱咐去散步的，因为这对他的身体有好处。不过，对于射击他倒是很在行。打靶时，我们都不如他。为了使自己

遵循
指遵照。

的散步更有趣，他这才决定和我们去围猎。

傍晚，我们在一个小车站见到了塞索伊奇，然后在他那儿休息了一个晚上。第二天天刚亮，我们就出发了。和我们一起去围猎的还有12个集体农庄的庄员，他们是这次围猎的呐喊人。

呐喊

大声呼喊，尤指在战斗或追击时大声叫喊助威。

我们在森林边停下来。塞索伊奇把12个小纸条丢在帽子里，让我们12个射击手按次序抽签。谁抽到几号，就站在几号的位置上。

我抽到了6号，胖子则抽到了7号。塞索伊奇安排我在指定的位置站好后，便走过去向这个新猎手教授一些围猎的规矩：不能沿着狙击线开枪，不然会打到旁边的人；围猎呐喊人的声音迫近时，要停止射击；不许伤害雌兽；要等信号才能开枪。

布置

根据某种需要对场所、活动、人员等做出安排。

胖子离我大约60步远，我听到塞索伊奇正在教训他。“你干吗往灌木丛里钻？这样不方便开枪。你得跟灌木丛并排站着，兔子是往下瞧的。你把腿拉开点儿，这样，兔子就会把你的腿当成木墩子的。”

教训完胖子，塞索伊奇跳上马，到森林外面去布置其他围猎的人。

还要等好久围猎才开始呢，我打量起周围的环境。在我前面40步远的地方，耸立着一些光秃秃的白杨

树和叶子已经落了一半的白桦树，其中还夹杂着好些黑黝黝的云杉。或许过一会儿就有兔子从里面蹿出来，我想，运气好的话，还可能有松鸡。我一定能打中的！

时间过得真慢，我瞅瞅胖子，他正在不停地换着双腿，也许是想把腿叉得更像树墩子吧……

就在这时，从森林外传来又长又响的号角声——这是推进的信号！胖子举起双筒猎枪，一动也不动。

推进

在军事上指以武力强力前进。

“这会儿还早呢，呐喊声还没响起来呢。”我想。就在这时，我的右面已经响起了枪声，别人都开始射击了。可是我还没开枪呢，因为没有什么东西向我这边跑过来。胖子也开枪了，可随着他的枪声，两只琴鸡从树枝上飞起来，飞走了。

周围传来围猎呐喊人低沉的呼应声，其中还掺杂着手杖敲击树干的声音。赶鸟器也呜呜地响起来。突然，一个白里带灰的东西从树干后掠过，朝我这边冲过来。是一只还没有换完毛的兔子！

掺杂

混杂，使混杂。

“嘿！看我的！”我兴奋地端起枪。可那个“小鬼”却猛地拐了个弯，朝胖子那边蹿过去。

“哎呀，胖子，你怎么慢腾腾的？赶快开枪啊！别让它跑了！”

“砰！”枪响了。

没打中！兔子朝那两条木墩子似的粗腿蹿去。胖子来不及多想，赶紧把两腿一夹……

难道有人用腿捉兔子吗？

兔子从胖子的两腿中间蹿过去了，胖子庞大的身躯整个扑倒在地。我笑得眼泪都流下来了。

胖子慢慢地站起来，我朝他喊道："没摔伤吧？"

胖子摇摇头，"没关系。看！"说着他伸开手，里面有一团白毛，"我把它的尾巴尖儿给夹下来了！"

听了这话，我笑得更厉害了。

射击已经停止了，猎手们都从自己的位置跑过来，每个人手里都拎着猎物！

在塞索伊奇的催促下，我们这一大群人往回走去。一辆大车满载着猎物，跟在我们身后。胖子也坐在车上，他已经累得喘不过气来了。可是，猎手们并不打算放过这个倒霉的家伙，冷嘲热讽像雨点儿似的洒向他。

**庞大**

表示形体、组织、数量或程度大大超过惯常的范围或标准。

**冷嘲热讽**

用尖酸刻薄的语言进行讥笑及讽刺。冷，不热情，引申为严峻。热，温度高，引申为辛辣。

“大叔，挺厉害的嘛！”

“用腿夹兔子，了不起！”

“这么胖，衣服里一定塞满了野味吧？”

就在这时，一只大黑松鸡从前面的拐角处飞起来，从我们眼前飞向远处。大家急忙端起枪，想把这个难得的猎物打下来。胖子也端起枪，双筒猎枪握在那两条火腿般的胳膊上，就像一根小手杖。他开枪了。

随着枪声，那只大鸟就像一块大木头，摇摇晃晃地从空中跌了下来。

“真利落！”一个农庄庄员说，“看来是个神枪手呀！”

我们这些猎人都不吭声了。大家都怪不好意思的，我们可是都放枪来着……

胖子拾起那只松鸡，这是今天收获的最好的猎物。现在，没有人再嘲笑胖子了。甚至他是怎样用腿捉兔子的，大伙儿也都忘了！

嘲笑
用言辞笑话对方。

## 悦读链接

### 换毛换羽

鸟类从破壳到性成熟的生长期间，会多次换羽，成年后每年一般要换羽两次。部分哺乳动物也有换毛的生理现象。

动物在生长期间换毛换羽，是与其生长相关的生理变化，而动物成年之后的换毛换羽，则是对日照长短的规律性变化的反应，通常被称为“光周期现象”，一般都是和季节变化相联系的。典型的换毛动物是雪兔，典型的换羽鸟类是雷鸟。

以雪兔为例，随着气温的变化，如果雪兔身上的毛变得很蓬松，说明雪兔快要开始换毛了。雪兔每次季节性换毛一般需要两周左右的时间。

## 悦读必考

1. 下面各项注音错误的是（　　）

A. 隐蔽（yǐn bì）　　B. 蹒跚（pán shān）

C. 抖擞（dǒu shǒu）　　D. 庞大（páng dà）

2. 仿照下面的句子，写一个反问句。

难道有人用腿捉兔子吗？

______________________________

3. 一个好的猎人从不伤害雌琴鸡和雌松鸡，这是为什么？

______________________________

______________________________

# 无线电通报：呼叫东西南北

今天是9月22日——秋分。我们继续用无线电交换信息，报告各地的情形。

苔原、森林、草原、沙漠，请你们讲讲，现在，你们那里是什么情况？

## 这里是乌拉尔原始森林

我们正忙着迎来送往。每天，都会有大批的鸟儿从北方飞过来，什么野鸭啊、雁啊，它们都是路过我们这儿的，休息一下，吃点儿东西，然后就上路，并不会做过多地停留。而夏天住在我们这里的鸟儿，也都忙着收拾行装，寻找那有阳光的温暖的地方过冬去。

风呼啸着从森林上空刮过，撕扯下最后一批发红的白杨树叶。落叶松变成了金黄色，原本柔嫩的针叶也变得粗糙而扎手。每天夜里，都会有一些大黑松鸡飞到落叶松上，它们蹲在金黄色的阴影里，啄食松子，填饱它们的肚子。

**迎来送往**

走的欢送，来的欢迎。形容忙于交际应酬。

**粗糙**

粗劣，毛糙。与精良、光滑相对。

荒凉

荒芜冷落。形容旷野无人的景况。

田野变得荒凉了。细长的蜘蛛丝随风飘扬，但已经看不到蜘蛛了。草地上，还盛开着最后一批三色堇。桃叶卫矛的枝桠上，悬挂着许多鲜红的小果子，好像一盏盏红灯笼。

菜园里，我们正准备收割最后一批蔬菜——卷心菜。

小兽们也没闲着。它们跟在我们身后，忙着准备过冬的粮食。背上长着黑色条纹的小金花鼠，把许多坚果拖到了树墩子下的窝里。趁我们不注意，它还偷走了许多葵花子，将它的仓库装得满满的。棕红色的松鼠正忙着将蘑菇串在树枝上晒干。长尾鼠、短尾鼠、水老鼠，都在准备各式各样的谷粒，填满它们的仓库。星鸦也在搬运坚果，预备冬天的时候吃。

熊已经给自己找好了过冬的洞穴。现在，它正从云杉上撕扯下树皮，为自己做褥子。

## 这里是乌克兰草原

水禽

包括鸭、鹅、鸿雁、灰雁等以水面为生活环境的禽类动物。

我们这里，现在正是打猎的好时候。沼泽地里，各种各样的水禽挤在一起，有本地的，也有路过的。小峡谷里，聚集着一群群肥肥的小鹌鹑。草原上到处都是兔子——全是披着棕红色皮毛的大灰兔。我们这里没有白兔。当然，狐狸和狼也多得很。你想用枪打，就用枪打；愿意放猎狗捉，就放猎狗捉吧！

在城里的市场上，西瓜、香瓜、苹果、梨、李子，堆得像小山一样。

## 这里是中亚细亚沙漠

我们这里正过节，因为暑热已经消退了。雨不停地下着，草又变绿了，那些藏了一个夏天的动物也出现了。甲虫、蚂蚁、蜘蛛都从地下钻了出来。细爪子的金花鼠也从深洞里探出头；拖着一条长尾巴的跳鼠从这儿跳到那儿，再从那儿跳回这儿；夏眠的巨蟒醒了过来，开始忙着捕捉猎物；草原狐、沙漠猫、快腿的黑尾羚羊，都出来了，鸟儿也飞来了。

现在，这里又像春天一样，到处都是绿色，充满了生机。

生机
生命的活力。

## 这里是雅马尔半岛

我们这儿什么都结束了。夏天，这里曾经是热闹的鸟儿的集市，现在却连一声鸟叫也听不到了。雁呀、野鸭呀、鸥呀、乌鸦呀，都飞走了。周围一片静寂，只是偶尔会传来一阵可怕的骨头撞击的声音，那是雄鹿用角在搏斗。

**静寂** 寂静，安静。形容安静到了极点。

水也已经被冰封了起来，捕鱼船和机动船早都开走了。轮船不过耽误了几天，就被困在了冰里，只好委托笨重的破冰船，在坚冰上为它开出一条路。

**耽误** 因拖延或错过时机而误事。

白昼越来越短，漫长而冰冷的黑夜马上就要来临了。

## 这里是帕米尔山

我们这里，在同一个时间，既有夏天，又有冬天。山下是夏天，山顶是冬天。

可现在，秋天来了。冬天开始从山顶往下走，连带着把山上的生命都赶了下来。

首先是野山羊，夏天，它们住在寒冷的峭壁上。可现在，那里所有的植物都死于严寒，它们没有东西可吃了，只好离开了那里。

**峭壁** 非常陡峭的山崖。

夏天，在高山牧场，到处都是肥大的土拨鼠。现在，它们全都躲进了深深的地下洞穴，用草将洞口堵了起来。反正，它们已经准备了足够的粮食！

还有公鹿、母鹿、野猪，它们也都下来了。

山下的溪谷中，突然出现了许多鸟儿——角百灵、草地鹨、山鹑，它们都是从遥远的北方飞到我们这儿过冬的。在这里，它们根本不用担心挨饿，因为到处都是吃的！

田里，人们正在采棉花。果园里，各种各样的水果也熟了。

## 这里是海洋

我们正穿过北冰洋的冰原，进入太平洋。一路上，我们常常碰到鲸。真想不到，世界上竟然有这样令人惊奇的动物！我们曾看到一条鲸，不是露脊鲸，就是鲱鲸，身长足足有20米。光是它的大嘴巴，就可以容得下一艘木船。要是做一架天平，把这条鲸放在上面，那么，为了让天平平衡，另一头就得站上大约1000个人。或许，这样也不够！可是，它还不是最大的，我们还遇到过一条蓝鲸，有30多米长，100多吨重！即使一条大轮船，也会被它拖进海里！

冰原

两极地区覆盖在大面积陆地上的大量冰雪，表面平坦。

在白令海峡，我们见过海狗；在铜岛附近，我们见过一些海獭，正带着它们的孩子游玩；在堪察加的岸边，我们还见到了一些巨大的海驴。可比起那些鲸，它们还是显得太小了！

## 悦读链接

### 鲸

鲸是世界上最大的动物，因为体形像鱼，一般被称为鲸鱼，其实它是哺乳动物。鲸对水的依赖非常大，因为鲸需要借助水的浮力来承担它那全世界最大的身躯，一旦离开了水便无法生存。

鲸可以分为齿鲸类和须鲸类，齿鲸类有抹香鲸、独角鲸、虎鲸等，须鲸类有蓝鲸、长须鲸、座头鲸等。我们常用“鲸吞”比喻食量异常大，这和须鲸的进食方式有关，须鲸吃东西的方式是先喝一大口含有小鱼、小虾的海水，嘴巴闭上了之后，再将海水排出去，鲸须板负责将鱼、小虾挡住，须鲸就可以将那些食物吃进肚子里了。

鲸虽然生活在海水里，但也和其他哺乳动物一样，用肺进行呼吸。每当它的头部露出水面进行呼吸时，先将体内的二氧化碳等废气排出体外，这股强有力的灼热气流冲出头顶的鼻孔，喷射的高度可达10米左右，并把附近的海水也一起喷出海面，使海面上出现了一股壮观的水柱，远远看去，就像一股海上喷泉，同时还发出犹如火车汽笛一样响亮的声音。鲸喷水呼吸的场面也是海上航行中的一景，已经成了鲸的物种标志。

## 悦读必考

1. 在下面句子中的括号里，加上合适的关联词，不能改变影响句子的意思。

可现在，（　　）那里所有的植物都死于严寒，（　　）它们没有东西可吃了，只好离开了那里。

2. 猜谜语。

待着的时候是绿的，飞着的时候变黄了，落下的时候又黑了。

说一说谜底是什么，你还知道哪些谜语。

______________________________

______________________________

# 公　告

## 可爱的小兔子

现在，在森林里或是田野里，可以逮到好多小兔子。它们小小的，还跑不快。你得喂它们牛奶，还得加点儿新鲜的卷心菜或是胡萝卜。

养育这些长耳朵的小家伙，是一件很有趣的事儿。它们是有名的鼓手。白天，它们安安静静地待在木箱子里，晚上，就伸出短短的小爪子，咚咚地敲着箱子壁。没办法，谁让它们是有名的夜游神呢？

夜游神
指称喜欢夜间在外四处游荡之人。

## 建造小棚子

快点儿在水边建造小棚子吧，因为鸟儿都南飞了，躲在小棚子里，你可以看到许多平时看不到的鸟儿！像鹭鸶啊、潜鸟啊！你会看到它们不慌不忙地游泳、觅食，甚至连它们身上的每一根羽毛，你都能看得清清楚楚！

不慌不忙
指不慌张，不忙乱。形容态度镇定，或办事稳重、踏实。

**悦读链接**

### 小白兔的眼睛为什么是红的

小白兔之所以会是白色，是经过长期进化的结果。进化到今天这样，小白兔的体内已经不存在任何的色素成分了，意思就是说，不仅仅它们的皮毛是白色的，小白兔的眼球也成为无色的了。我们看到的小白兔的眼睛之所以是红色的，那是因为小白兔的眼底布满了毛细血管，我们看到的红色，其实是小白兔眼底血管的颜色。另外，在小白兔眼睛中的视网膜上，存在着一块反射板，它会将光线从兔子的眼底反射出来，所以我们会看到小白兔的眼睛是亮晶晶的。

## 悦读必考

1. 用下列的字组词。

育（　　　）　潜（　　　）　觅（　　　）

2. 用下列词语造句。

不慌不忙——________________

# 锐眼竞赛

## 问题1

看看这两棵白杨树上的痕迹，是谁啃的呢？

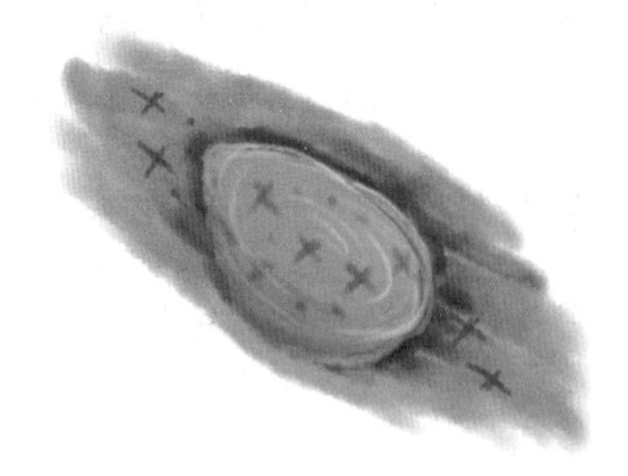

## 问题2

林中道边的小水洼里，有许多小十字和小点儿，是谁留下的？

## 问题3

一只刺猬被吃掉了，只剩下一张皮！这是谁干的？

No.8

秋季第二月 | 10月21日到11月20日

# 储备粮食月

·太阳进入天蝎宫·

# 一年：12个月的欢乐诗篇——10月

10月——落叶和泥泞主宰了世界！西风吼叫着，从树上扯下最后一批叶子。连绵的秋雨中，一只浑身湿淋淋的乌鸦，百无聊赖地蹲在篱笆上，它也快要动身了。

百无聊赖
精神无所寄托，感到非常无聊。

秋天已经完成了它的第一个任务——给森林脱衣裳。现在，它开始做第二项工作——把水变凉。早晨，水面上出现了一层松脆的薄冰。过不了多久，它们就会全部被冰封起来了！和空中一样，水里的生命也越来越少。夏天曾经在水面上盛开的花儿，已经把长长的花茎缩到水下。鱼儿也游到了深深的水底，准备在那里过冬。

肆虐
不顾一切地任意残杀或迫害。

大地上更冷清了。老鼠、蜈蚣、蜘蛛都不知藏到哪儿去了。蛇爬进深坑里，盘成一团，一动也不动。癞蛤蟆钻进烂泥里，蜥蜴躲到树皮底下，都冬眠了！

在这个秋风肆虐、秋雨扰人的月份里，我们将迎来

七种不同的天气：播种天、落叶天、破坏天、泥泞天、怒号天、阴雨天和打扫天。

## 悦读链接

### 冬　眠

冬眠也叫“冬蛰”。在冬季时，一些动物会大幅度降低自己的生命活动状态，以应对冬季外界的不良环境条件，如缺乏食物、天气寒冷等。

进行冬眠的动物包括变温动物和一些哺乳动物以及鸟类。变温动物没有体内调温系统，自身体内不能恒定体温，要依靠照射太阳等方式来保持体温，或者以行动来调节体温。冬眠型哺乳动物和鸟类，一般都体型较小，保持体温的成本过高，而不得不降低体温进入冬眠。熊及臭鼬等大型动物在缺少食物的冬季，表现为麻痹状态，但是体温不降低或降低很少，而且很容易醒过来，属于半冬眠。

## 悦读必考

1. 根据拼音写词语。

ní nìng（　　　）　lián mián（　　　）　yī shang（　　　）

2. 你知道还有哪些动物也会冬眠吗？

______________________________

______________________________

# 森林大事典

## 准备过冬

寒气越来越重，森林里的每一个居民，都在按照自己的方式准备过冬。

野鼠直接在柴禾垛或粮食垛下挖了个洞，每一个洞都有五六条通道，每条通道都通向一个洞穴。每天夜里，野鼠就通过这些通道，将粮食运到自己的仓库里。

短耳朵的水老鼠，从小河边的别墅搬到了草场上。在那里，它已经为自己建好了一座又暖和又舒服的住宅。在草场上，至少有好几条通道都一直通到这座住宅里。卧室被安排在一个大大的草墩子下，里面铺着柔软、暖和的草。储藏室在最里面，和卧室连在一起。那儿收拾得很干净，井井有条。水老鼠把偷来的五谷、蚕豆、葱头和马铃薯，按严格的秩序分门别类，堆放得整整齐齐。

分门别类

把一些事物按照特性和特征分别归入各种门类。

松鼠也收拾出一个树洞，当作仓库，把在林子中收集来的小坚果和球果藏在里面。它还采了许多蘑菇，把它们穿在折断的树枝上晒干，留着冬天当点心吃。

早在夏天，姬蜂便给它的幼虫找好了储藏室，那是一条又肥又大的蝴蝶幼虫，它正在贪婪地吃树叶。姬蜂扑过去，把尾巴上的尖刺扎到幼虫的皮肤里，在幼虫的身体上钻了个小洞，把卵产在这个洞里。随后，它便飞走了。蝴蝶幼虫并没有觉出有什么不对，还在大口地吃着树叶。

贪婪
指贪心，想要的东西很多而不知满足。

秋天到了，蝴蝶幼虫结了茧，变成了蛹。这时，姬蜂的幼虫也从卵里孵出来了。它们躲在这个坚固的茧里，又暖和又安全。而那个胖胖的蝴蝶蛹，就是它们的美餐，足够吃上整整一年！等到夏天再来到的时候，茧被打开，一只身子细长的姬蜂就会从里面飞出来。

不过，并不是所有的动物都用心地给自己建造储藏室。许多居民甚至什么也没准备，因为它们的身体就是个储藏室。在食物丰富的那几个月里，它们放开肚皮，大吃特吃，将自己养得胖胖的，浑身上下堆满脂肪。然后，在冬天来临时，它们便开始倒头大睡，一直睡到春天来叫醒它们。这段时间里，它们身体所需要的全部养料都来自那身厚厚的脂肪。熊啊、獾啊、蝙蝠呀，都是选择的这个办法。

脂肪
人和动植物体中的油性物质，是一种或一种以上脂肪酸的甘油脂。

在这些动物忙着储存粮食的时候，植物也没闲着。那些一年生的草本植物，已经播下了它们的种子，有的甚至已经发了芽。比如荠菜、香母草、犁头菜和三色堇。

还有赤杨、白桦和榛子树，它们也已经准备好了柔荑花序。明年春天，这些柔荑花序只要挺直身子，把鳞片张开，就能开花了。

## 贼偷贼

森林里的猫头鹰是个有名的小偷。它长着钩子一样的嘴巴，又大又圆的眼睛，即使在漆黑的夜里，也能看得清清楚楚。老鼠在枯草堆里刚一动，就已经在它的爪子下丢了性命。小兔子从林子中的空地上跑过，可还没跑出一半，也被这个家伙的利爪带到了半空！

丧生

丧失生命，常用于天灾人祸等非正常死亡，多指凶死。

就这样，一个夏天，许多小动物丧生在这个家伙的爪子下。它把那些吃不完的猎物统统放到树洞里，留着冬天找不到食物的时候吃。

为了保护这些食物，猫头鹰白天总是待在树洞里，只有夜里才出去猎食。可即使这样，它还是发现，自己的食物在变少！到底是谁，竟然偷到猫头鹰的头上了？

这一天，猫头

鹰又出去猎食了。等它回来时，发现又少了一只老鼠。树底下，一个灰色的小野兽正蹿向远方，嘴里还叼着一只小老鼠！猫头鹰立刻追了过去，可快到跟前时，它突然停住了！原来，那个小偷是伶鼬。它个头儿虽小，但勇敢灵活。要是不小心被它咬住，就是猫头鹰也休想挣脱！

猎食

指取禽兽为食。

## 夏天回来了吗

这个月里，天气反复无常，一会儿冷，一会儿热的。冷起来，寒风刺骨。可突然之间，又会变得暖和起来。

反复无常

经常变化没有稳定状态，形容情况变来变去没有准确的时候。反复，颠过来倒过去。无常，没有常态。

黄澄澄的蒲公英和樱草花从草丛里探出头来；蝴蝶三五成群，在林间飞舞；蚊虫成群结队，在空中盘旋。不知打哪儿飞来一只小巧的鹪鹩，站在枝头唱起歌来，那歌声是那么热

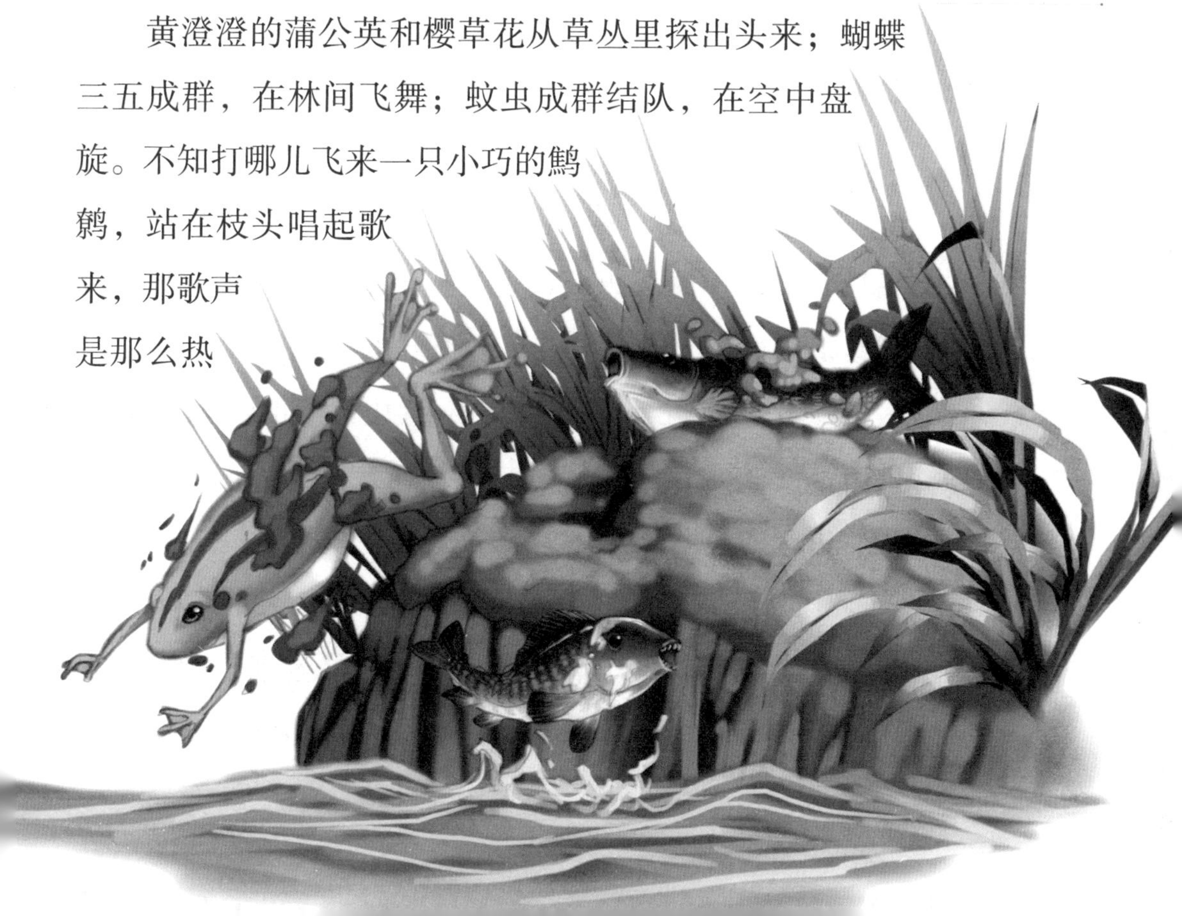

情、那么嘹亮！

难道说，夏天又回来了吗？

可不是吗！池塘里的冰都化了！于是，集体农庄的庄员们决定把池塘整理一番。他们拿来铁锹，从池底挖出许多淤泥，摊在那里，然后便离开了。

太阳暖暖地照着。突然，一团淤泥动了起来，从里面露出一条小尾巴，在地上扭动着。扭着扭着，“扑通”一声，又跳回了池塘。紧接着，第二团、第三团都跟着跳了进去！

那边，还有一些淤泥团，可是，从里面伸出来的不是小尾巴，而是一条小细腿！原来，这不是淤泥团，而是浑身裹满烂泥的小鲫鱼和小青蛙。它们本来是钻到池底过冬的。庄员们不知道，把它们连同淤泥一起挖出来了。

现在，太阳一晒，它们都醒了过来。鲫鱼跳回了池塘。青蛙却不这么想，还是再找个更清净的地方吧，免得睡得稀里糊涂的，再被人给挖出来。

于是，这几十只青蛙像商量好了似的，朝着大路的方向跳去。在大路的另一边，隔着打麦场，有一个更大、更深的池塘！

很快，它们跳过了大路。可是，秋天的太阳是靠不住的，突然就变了天，一片片乌云涌过来，遮住了太阳，寒冷的北风刮起来了，这些赤身裸体的小家伙被冻

嘹亮
声音清晰圆润而响亮。

稀里糊涂
糊涂（程度略轻），迷糊。

得直打哆嗦。它们用尽全身的力气向前跳着，可还是抵挡不住刺骨的寒风。不一会儿，它们便被冻僵了！

哆嗦
因为冷、害怕或受外力等而颤抖。

## 松鼠的最爱

每到夏天，松鼠都会采集好多坚果，留着冬天吃。我就亲眼见过一只松鼠，从云杉上摘下一个大球果，拖到了树洞里。后来，我们把那棵树砍倒，把松鼠掏了出来，带回家，拿来许多球果喂它。我们发现，在所有的球果里，松鼠最爱吃的是榛子和核桃。

球果
松、杉等植物的果实，球形或圆锥形，内侧有种子。

## 我的小鸭子

那天，妈妈将三个鸭蛋放到一只母吐绶鸡的身子下。四个星期后，吐绶鸡孵出了好几只小吐绶鸡和三只小鸭子。开始，妈妈将它们养在暖和的窝里。后来，小家伙们长大了一些，妈妈便将它们放了出去。

吐绶鸡
即人们通常所说的“火鸡”。原产于美国和墨西哥。体型一般比家鸡大3~4倍。

在我家附近有一条小水沟。小鸭子一出门，便“扑通，扑通”跳了进去，游起水来。母吐绶鸡急坏了，在水沟边大喊大叫。好半天，它见小鸭子们

游得都挺自在的，这才放心地带着小吐绶鸡走开了。

过了一会儿，小鸭子们可能觉得冷了，从水里游出来，却找不到地方取暖。于是，我把它们捉起来，用手帕擦干，放回了屋子里。

从那以后，每天早晨，我都会把这三只小鸭子放到小水沟里，直到它们觉得冷了，跳上岸来，我再把它们带回家。

快到秋天的时候，这些小鸭子长大了，我也要去城里上学了，我真舍不得离开它们。听妈妈说，我走之后，它们老是叫唤，到处找我。听了这些，我的眼泪都忍不住流下来了。

## 星鸦之谜

在我们这儿的森林里，有一种乌鸦，个头儿比普通的乌鸦小一些，全身带斑点，我们叫它星鸦。一到秋天，它们就会满树林飞着，收集松子，藏在树洞里或树根底下。到了冬天，星鸦开始从这片林子游荡到那片林子，又从那片林子游荡到这片林子，享用着这些美食。

游荡

闲荡，游逛。

不过，每一只星鸦享用的，都不是它自己储藏下来的粮食，而是其他伙伴储藏的。可是，它是怎么找到那些粮食的呢？藏在树洞里的还好找些，只要挨个找就行了。可藏在树根底下或灌木丛里的，它是怎么找到的呢？要知道，到了冬天，大雪把所有的东西都

盖住了，到处都是白茫茫的，它怎么知道哪一棵树下藏着松子呢？

这些我们还不知道。不过，我们已经决定要做一些实验，来弄明白星鸦究竟是用什么办法，找到别的同伴储藏的粮食的。

## 好可怕啊

现在，树上的叶子都掉光了，森林里变得光秃秃的。一只小白兔躺在灌木丛下，把身子紧紧地贴在地上，东张西望。它很害怕，因为周围老是传来窸窸窣窣的响声。是老鹰扑扇翅膀吗？还是狐狸踩在了落叶上？或者是猎人正悄悄地走过来？

**窸窸窣窣**

拟声词，形容摩擦等轻微细小的声音。

怎么办？跳起来逃命吧！可是，往哪儿跑呢？风吹着枯树叶沙沙作响，这会儿，就是自己的脚步声也会把自己吓坏的！

于是，这只小兔子只有继续躺在灌木丛里，一动不动，连大气也不敢出。周围又响起了窸窸窣窣的声音，好可怕啊！

## 女妖的扫帚

现在，很多树木都变得光秃秃的，可以看到好些夏天看不到的

东西了！瞧，那儿有一棵白桦树，远远望去，上面好像布满了乌鸦巢。可走近一看，根本不是什么乌鸦巢，而是一束束伸向四面八方、黑不溜秋的细树枝，我们叫它“女妖的扫帚”。

布满
形容很多，全都是，快挤满了。散布，覆满。

想想我们听过的那些关于女妖或巫婆的童话吧！她们长相恐怖，经常骑着一把长长的扫帚，在空中飞来飞去。“不论是巫婆还是女妖，都离不开扫帚。所以，她们便在树木上涂了药，让那些树木的树枝上长出一把把扫帚。”几乎每个讲童话的人，都会这么说。

恐怖
因可怕而畏惧。

这种说法对吗？当然不对了！事实上，树木上之所以长出扫帚，是因为它们病了！这种病往往是由一种小扁虱或是某种菌类引起的。这种扁虱又小又轻，随着风四处飘荡，飘到一棵树上，就找一个小芽钻进去，靠吸食芽里的汁液为生。这么一来，那个芽就生病了。等发育的季节一到，它便以神奇的速度生长起来，能比那些普通的芽快上六七倍！

等到那个病芽发育成一根嫩枝的时候，扁虱的孩子也出生了。它们钻进这根嫩枝的侧枝，继续吸食它们的汁液，使那些侧枝又生出侧枝。于是，在原来只有一个芽的地方，便生出了一把“扫帚”。

另外，如果寄生菌的孢子钻到树木的芽里，在那里生长发育的时候，也会产生同样的现象。

孢子
菌类脱离亲本后能直接或间接发育成新个体的生殖细胞。

不单单是白桦树，赤杨、山毛榉、松树、冷杉、云杉和其他许许多多乔木或灌木上，都可能有“女妖的扫帚”。

## 活的纪念碑

现在，正是栽树的时候。这是一项快乐而富有意义的活动，因此，就是孩子们也不甘落后。他们小心地把冬眠中的小树挖出来，移植到新的地方。等到春天，小树从冬眠中醒来，马上就会开始生长。所以，每一个栽种过或是照料过小树的孩子，哪怕他只栽种过一棵或照料过一棵，也是在为自己树立纪念碑——一座永远存在的活着的纪念碑。

富有

泛指丰富，充足。

悦读链接

### 女巫的扫帚

提起女巫，很多人心中都会浮现起女巫骑着扫帚飞翔的形象。但是，为什么人们会将扫帚和女巫联想在一块儿呢？

首先，扫帚是女性做家务的象征，是日常清理房屋最不可或缺的工具，因此便成了女巫的代表物。而且，欧洲有古老的习俗，女性出门前会将她的扫帚推上烟囱或搁在门外，好让邻居和前来拜访的客人一望即知屋主不在家，这个习俗促使人们产生了扫帚是飞行工具的联想，认为女巫可以骑着扫帚飞出烟囱。

其次，古代有祈祷农作物丰收而举行的仪式，包括跨骑扫帚或干草叉并高跃、舞蹈的动作。

最后，扫帚和象征厄运的彗星样子相似，和意味着邪恶的女巫相联系。

特别有趣的是，我们今天描绘女巫乘坐扫帚飞翔的图画，都是扫帚柄在前并朝上、扫帚刷朝下。但是，在17世纪后期，女巫是倒骑扫帚——扫帚刷在前，扫帚柄朝后，因为扫帚刷上可点上蜡烛，好让“前途”光明又灿烂。改成今天的骑法原因是可以“扫除女巫飞掠天空的行迹”。

## 悦读必考

1. “窸窸窣窣”是一个拟声词，形容摩擦等轻微细小的声音。举出至少三个拟声词的例子。

______________________________

2. 仿照下面的句子，写一个设问句。

这种说法对吗？当然不对了！

______________________________

______________________________

# 在集体农庄里

现在，在集体农庄里，拖拉机不再轰轰作响，亚麻的分类也即将结束。最后一批载着亚麻的货车，正陆陆续续向车站驶去。

这个时候，集体农庄的庄员们开始考虑一些新问题。选种站已经为各个集体农庄培育了优良的黑麦和小麦种子，或者，明年就应该选用这些种子了。

考虑

思考、探索问题，对出现的事情做出无声的推测、推演及辩论，以便做出决定。

还有，虽然田里的工作少了，但家里的工作却增多了。首先就是牲畜，是把它们赶进牲畜栏，圈起来的时候了。另外，虽然打山鹑的季节已经过去，但兔子已经肥了，所以，那些有枪的庄员们也开始做打兔子的准备了。

## 昨 天

白天越来越短，胜利集体农庄的庄员们决定，把养鸡场的电灯打开，将养鸡场照亮，好让那些鸡多一些散步和吃东西的时间。

## 来自集体农庄的报道

果园里，庄员们正在忙着修剪苹果树。在入冬以前，需要把它们都收拾干净。人们首先要做的就是取下

**装饰**
起修饰美化作用的物品。

挂在苹果树上的装饰——苔藓，因为有害虫藏在里面。然后，他们又在苹果树的树干上涂上石灰，这样，苹果树就不会再生虫子，也不会被太阳晒伤。不久，所有的苹果树都会穿上雪白的衣裳，变得整齐而又漂亮。

## 适合百岁老人采的蘑菇

在黎明集体农庄，有一位一百岁的老婆婆，名叫阿库丽娜。那天，我们《森林报》的记者去采访她，谁知，她却不在家。别人告诉我们，阿库丽娜老婆婆采蘑菇去了。

不久，阿库丽娜老婆婆回来了，背上还背着满满一口袋口蘑。她告诉我们："那些单独生长的蘑菇，我已经找不到了，因为眼睛不行了。可我采回来的这种蘑菇，什么地方只要有一个，就有成百上千个，因为它们是成片生长的。另外，它们还有一个习惯，就是喜欢 往树墩子上爬，好让自己更显眼一些。"所以说，这种蘑菇最适合一百岁的老婆婆采了。

## 最后一次播种

**均匀**
指分布或分配在各部分的数量相同，大小粗细、时间的间隔相等。

在劳动者集体农庄，庄员们正在播种，他们把莴苣、葱、胡萝卜和香芹的种子，均匀地撒在土里。天气很凉，土里当然也很凉了。这不，工作队队长的孙女不干了。她说，她听到种子都在抱怨呢："天这么冷，我们就是不发芽。你们要是爱发，那就自己发去吧！”

听了孙女的话，队长笑了。原来，这些种子虽然今年不会发芽，但明年春天一到，就会早早地发芽。到那时，人们就能早一点儿收获莴苣、葱、胡萝卜和香芹了。这不是更好吗？

成千上万

累计成千，达到万数，形容数量极多。成，达到一定数量。上，达到一定程度或数量。

## 植树周

在全国各地，都进入了植树周。苗圃里早已预备好了大批的树苗，各个集体农庄里，也已经开辟出了一大片一大片的果园。人们正忙着把成千上万棵苹果树、梨树和其他果树种到果园里。

悦读链接

### 为什么要修剪树木

养花种树的人常常修剪这些花啊树啊，他们常常说，“七分管、三分剪”。通过修剪，可以调节花木的生长，使花木枝条均匀，株型优美，还可节省养分以达到多开花、多结果的目的。

一年四季都可以进行花木修剪，但主要还是在冬、夏两季。

夏季修剪主要是在生长期，也就是从春季萌发新梢开始，到秋末停止生长这段时间。夏季修剪主要做一些局部的轻度修剪，比如说剪掉枯萎或折断的枝条。

而冬季修剪是指休眠期的修剪，即从秋末枝条停止生长开始，至来年早春顶芽萌发前这段时期。冬季修剪的重点是根据不同种类花木的生长特性进行疏枝和短截。

## 悦读必考

1. 下面各项中词语注音不正确的是（　　）

   A. 陆陆续续（lù lù xù xù）　B. 采蘑菇（cǎi mó gu）

   C. 均匀（jūn yún）　D. 成千上万（chén qiān shàng wàn）

2. 查资料，看看在秋天种树能成活吗？为什么？

______________________________

______________________________

______________________________

# 城市新闻

## 在动物园

鸟兽们已经从夏天的露天宅院搬到了冬天的住宅里。住宅里生着火，暖暖和和的。所以，没有一只野兽打算冬眠。

## 奇怪的“小飞机”

这些天，总有一些奇怪的“小飞机”，在城市的上空盘旋。

人们站在街心，惊讶地注视着这些飞行部队，互相询问着：“看见了吗？”

“看见了。可是，怎么没有螺旋桨的声音啊？”

“是不是因为飞得太高了？”

“就是它们降低了，你也不会听见螺旋桨的声音的。”

“为什么呀？”

“因为它们根本就没有螺旋桨。”

“这是一种新飞机吧？要么为什么没有螺旋桨呢？知道它们的型号吗？”

“雕！”

“哪有‘雕’型的飞机啊？”

“我是说它们是雕！”

**盘旋**

指大致呈圆形地运动，也可指迂回绕圈儿。

“什么？列宁格勒哪里来的雕啊？”

“这是金雕，它们只是路过这里的，还要往南飞呢！”

“哦，原来是这样！啊，这回我也看清楚了，那些真的是雕！不过话说回来，它们可真像飞机！”

## 奇形怪状的野鸭

这段时间，在涅瓦河的斯密特中尉桥、彼得罗巴甫洛夫斯克要塞附近以及其他许多地方，经常出现许多颜色各异、奇形怪状的野鸭。其中，有像乌鸦一样黑的鸥海番鸭，有翅膀上生着白斑的斑脸海番鸭，有尾巴直直的像小棍子一样的杂色长尾鸭，还有黑白相间的鹊鸭。

都市里的喧哗，它们一点儿也不害怕。甚至那些巨大的蒸汽轮船乘风破浪，向它们冲去的时候，它们也不惊慌，只是往水里一钻，一个猛子扎到远一点儿的地方，然后再钻出水面，好像什么事也没发生一样。

乘风破浪

船只乘着风势破浪前进。比喻排除困难，奋勇前进。

这些野鸭，都是迁徙线上的旅客。每年春天和秋天，它们都要路过列宁格勒，休息休息，歇歇脚。等到拉多牙湖中的冰块漂到涅瓦河的时候，它们就会离开，继续南飞。

## 最后一次旅行

随着秋天的到来，水也变凉了。老鳗鱼开始动身，

做最后一次旅行。它们从涅瓦河起身，经过芬兰湾、波罗的海和北海，游到深深的大西洋里。

这些老鳗鱼，在河里生活了一辈子，现在，它们来到几千千米深的海洋里，寻找自己的墓地。不过，在临死之前，它们还有一个任务——产卵。

在海底深处，并不像我们想的那么黑、那么冷。老鳗鱼就将卵产在那里。

不久，卵就会变成一条条像水晶一样透明的小鳗鱼。然后，它们集合成群，开始生命中的第一次长途旅行。

它们将穿越大西洋，经过北海、波罗的海和芬兰湾，回到涅瓦河。这时，距离它们启程时已经过去三年了。以后的漫长日子里，它们将待在涅瓦河里，直到长成大鳗鱼、老鳗鱼，然后开始动身，继续重复它们的父辈、祖辈所做过的事情。

**旅行**

为了办事或游览从一个地方到另一个地方，路程较远。

**穿越**

跨过，越过，经过，穿过。

**动身**

启程，出发。

## 悦读链接

### 金　雕

金雕是鹳形目鹰科猛禽，以其雄壮的外观和矫健有力的飞行闻名。金雕体型巨大，成鸟的翼展几乎有两米半长，身体长度则可达一米。金雕一般栖息在山区或丘陵地区，筑巢在绝壁凸出部，以大中型鸟兽为食。

金雕一般单独或成对活动，有时也聚集成群合作捕捉较大的猎物。金雕捕食猎物的方式为从天而降，利用重力的作用，攻击猎物的头部，将利爪戳进猎物的头骨。哈萨克牧民往往驯养金雕看护羊群，甚至可以驱逐野狼。

## 悦读必考

1. 将下面两个句子改写成一个句子，用“因为……所以……”连接起来。

就是它们降低了，你也不会听见螺旋桨的声音的。

它们根本就没有螺旋桨。

______________________________

______________________________

2. 动物园里生着火，暖暖和和的，所以冬眠型动物也不冬眠了。你觉得这样好吗？为什么？

______________________________

______________________________

# 狩猎

## 带着猎狗去打猎

一个微凉的早晨，猎人背着枪出了村子。在他身后，是两只壮壮实实的猎狗。

壮壮实实
健壮结实。

来到树林边，猎人唿哨一声，两只猎狗便蹿进灌木丛，消失了踪影。猎人则沿着树林边，悄悄向前走着。他专找那些刚好迈得开步子的小路走，因为这些小路是野兽走惯了的。

不一会儿，猎人来到灌木丛对面的一个大树墩后，他的眼前是一条小路，一直延伸到下面的小山谷里。就在这时，传来了猎狗的叫声。

最先发出声音的是那只叫多贝华依的老猎狗，它的叫声低沉而沙哑。紧接着，年轻的扎利华依也“汪 汪”地叫起来。猎人马上明白了，它们找到了兔子！现在，它们正低着头，嗅着兔子的足迹往前追呢。猎人端起了枪。可是，猎狗的叫声却渐渐远了。哎呀，真是两个傻瓜！前面山谷里一闪而过的，披着棕红色皮毛的，不就是兔子吗？它肯定是在绕圈子呢！不过没关系，猎狗肯定还会把它赶回树林的！

沙哑
嗓音低沉，不圆润。

要知道，多贝华依可是一条经验丰富的老猎狗，只要发现了猎物的踪迹，就绝不会放过。猎人干脆停住了脚步。反正兔子早晚都会被赶到这条小路上来的，还是在这儿等着吧。

突然，叫声停了。但只一会儿，便又响了起来。可是，这是怎么回事啊？怎么一个在东边，一个在西边呢？猎人竖起耳朵，叫声又停止了。现在，林子里真安静！

突然，多贝华依又叫起来。可这次的叫声和刚刚完全不一样，激烈得多，也沙哑得多。

激烈

指（动作、言论）剧烈；（性情、情怀）激奋，刚烈。

随后，扎利华依也叫起来，那叫声又尖利，又刺耳，上气不接下气。猎人知道，它们准是发现了别的野兽！是什么呢？不过，肯定不是兔子！八成是……

猎人想着，急忙把枪里的子弹退出来，换上了大号的霰弹。

猎人看见一只兔子从林子里蹿出来，蹿到田野里去

了，可他并没有举枪。

狗叫声越来越近，也越来越狂暴……突然，一个火红的身影从林子里蹿出，径直朝猎人冲了过来！猎人举起了枪！那身影一个急转身，往右一拐。已经晚了！“砰”的一声，枪响了！飞散的霰弹中，一只火红的狐狸被抛到了空中，随后又重重地摔到了地上！

径直

表示直接进行某事，不在事前费尽周折。

## 地下的搏斗

在距离我们集体农 庄不远的树林里，有个出名的獾洞。谁也不知道，这个洞是什么时候出现的。它虽然叫做“洞”，实际上却是一座几乎被獾挖通了的山岗，里面纵横交错，形成了一个完整的地下交通网。

纵横交错

形容事物或情况十分复杂；交叉点很多。纵，竖的意思。横，左右的意思。

塞索伊奇带我去看了那个“洞”。我围着它转了一圈，一共发现了63个洞口，这还不算那些隐藏在灌木丛里的，从外面根本看不出来的洞口。

谁都看得出来，这座宽敞的地下隐蔽所里不仅仅有獾，还有别的住户。因为在几个入口处，我们发现了许多鸡和兔子的骨头。这可不是獾干的！它从不捉鸡和兔子。况且，獾很爱干净，从来不把吃剩下的食物乱丢。所以，我们可以很肯定地说，这里还住着狐狸！它们狡猾、邋遢，最爱吃的就是鸡和兔子！

邋遢

一般指不整洁，不利落、脏乱。引申为形容词杂乱、凌乱和不修边幅。

塞索伊奇告诉我，猎人们花了好多工夫，想把獾和狐狸挖出来，可总是白费力气。

“真搞不懂，它们到底跑到哪儿去了！”塞索伊奇说，“我看，明天我们还是拿烟熏吧，看能不能把它们熏出来！”

第二天一大早，塞索伊奇、我，还有一位集体农庄的庄员，拿着铁锹，背着猎枪，一起来到了那座山岗。我们先挖了好多土，将那些分散在各处的洞口都堵上了，只留下两个出口，山岗下一个，山岗上一个。接着，我们搬来许多杜松枝和云杉枝，堆放在下面那个洞口旁。随后，我和塞索伊奇爬上山岗，躲在上面那个洞口附近。这时，那个庄员点燃了下面的树枝，刺鼻的浓烟冒了起来，随着风吹进了那个洞口。

我和塞索伊奇趴在灌木丛里，焦急地等待着，想看看到底谁先从洞里蹿出来！是狡猾的狐狸还是肥肥胖胖的獾？可是，我俩等了很久，除了浓烟，洞口什么也没有。嘿！它们还真有耐性！

狡猾

指诡诈不可信，狡诈刁钻。

这时，我们的“烧炉工人”又找来许多树枝堆在火堆上，烟更浓了，已经飘到了我们这边，熏得我直流眼泪！可我不敢眨眼，更不敢抹眼泪。谁知道野兽会

不会趁我抹眼泪的时候蹿出来逃走呢?

又等了好久，胳膊都酸了，还是没有野兽出来。

“你琢磨它们是不是被烟熏死了？”在回去的路上，塞索伊奇问我。可还没等我回答，他便接着说开了，“当然不是。老弟，它们没有被熏死！烟是往上升的，而它们肯定早就钻到深深的地下去了！谁知道那个洞到底有多深呢？”

琢磨
思索、考虑。

“也许应该弄一只皃提或是猎狐梗来。”我对塞索伊奇说，“这两种猎狗都很凶猛，可以钻到洞里把野兽撵出来。”

塞索伊奇一听兴奋极了，央求我无论如何也要给他弄一只这样的猎狗来。我答应帮他想想办法。

央求
恳求、乞求。

不久，我有事去列宁格勒，一个熟识的猎人将他心爱的皃提借给了我。

我立刻赶回农庄。谁知，塞索伊奇一见到那只皃提，竟然朝我发起火来。

“你怎么啦！带来这么一只小老鼠！别说是老獾，就是小狐狸崽子，也能把它咬死！”

的确，皃提的外表很滑稽，又小又丑，四条歪歪扭扭的小短腿，好像站都站不直。可是，当塞索伊奇大大咧咧地把手伸向它的时候，这个小家伙恶狠狠地张开大嘴，向他猛扑过去！塞索伊奇赶忙闪到一旁，接着便“嘿嘿”地笑了起来：“好家伙，可真够凶的！”

滑稽
形容语言、动作等幽默诙谐，十分可笑。

于是，我们立即拿起猎枪，朝那座山岗走去。我们刚走到山岗前，凫提就吼叫着冲进了黑咕隆咚的洞里。

我和塞索伊奇握着猎枪在洞外等着。那洞深极了，站在外面什么也看不见。我忽然有些担心：万一凫提出不来，我还有什么脸面去见它的主人呢？

胡思乱想
指没有根据、不切实际的瞎想。

斯杀
相互拼杀，指战斗。

失利
比喻在处理事物时，失去了有利的因素，没有得到预期的结果。

就在我胡思乱想的时候，地下传来响亮的狗叫声。虽然有一层厚厚的泥土隔着，我们依然听得很清楚。看来，凫提已经发现猎物了。我们仔细听着，那叫声一会儿远，一会儿近，持续了好一段时间，却突然停止了。我们知道，凫提一定是追上了猎物，正和它厮杀呢！

直到这个时候，我才忽然意识到：通常，这样打猎时，猎人应该带上铁锹，等猎狗在地下和敌人一交战，便动手挖它们上面的土，以便在猎狗失利的时候帮助

它！可现在，在这个不知道有多深的洞前，我们怎么给它帮助呢？怎么办？凫提一定会死在洞里的！谁知道里面究竟有多少野兽啊！

忽然，又传来几声闷声闷气的狗叫。可我还没来得及高兴，所有的声音都消失了！

过了好久，塞索伊奇懊恼地说："老弟，咱俩可是干了件糊涂事！它一定是遇到狐狸或老獾了！"说到这儿，塞索伊奇迟疑了一下，"怎么样？走吗？还是再等会儿……"他的话音还没落，突然，从一个洞口传来一阵窸窸窣窣的声音。一条尖尖的黑尾巴从洞里伸出来，接着是两条弯曲的后腿和长 长的身子，上 面 沾满了泥土和血迹。是凫提！

我们高兴地奔过去。这时，凫提已经从洞里钻出来了。嘴里还拖着一只肥胖的老獾！看样子，它已经死去多时了！

## 悦读链接

### 猎　狗

猎狗是指用于打猎的狗。这只是一个很笼统的概念，还可以按照多种不同标准分类。

有的猎狗擅长单兵作战，我们称之为单猎犬。而有的猎狗擅长团队合作，我们称之为群猎犬。

单猎犬又可以分为四类：巡回、激飞、指示、雪达。

巡回——在猎人射杀猎物之后，钻入低矮的灌木或跳进水塘将猎物叼回来。

激飞——使鸟群慌乱起飞，使猎人发现猎物，从容射杀。

指示——发现猎物后，保持静止不动，全神贯注地盯住猎物，使猎人有充足的时间做好射击准备。

雪达——发现猎物后蹲下，显眼的毛色和身高，使猎人可以清楚地看到它们和它们发现的猎物。

群猎犬根据狩猎技巧的不同，还可以分为视觉猎犬和嗅觉猎犬。

## 悦读必考

1. 选择适当的词语填空。

究竟　　竟然

（1）谁知道，塞索伊奇一见到那只凫提，________有多生气啊！

（2）谁知道里面________有这么多野兽啊！

2. 缩写句子。

在距离我们集体农庄不远的树林里，有个出名的獾洞。

________________________________

3. 秋天，去打猎时，最好穿什么颜色的衣服？为什么？

________________________________

________________________________

# 公　告

## 夺回粮食

在这期《森林报》上，我们曾经说过，好些啮齿动物从我们的田里偷走了大批的粮食，搬到它们的储藏室里。要想找回这些啮齿动物偷走的粮食，只要学会寻找和挖掘它们的洞就行了。

## 请勿打扰

我们已经给自己准备好了暖和的屋子，打算一觉睡到明年春天。在这段时间，我们不会侵犯你们，也请你们不要打扰我们，让我们在宁静中入眠吧！

——熊、獾、蝙蝠

**悦读链接**

### 蝙蝠睡觉时为什么要倒挂着

蝙蝠之所以要倒挂着睡觉，是和它们特殊的身体结构密切相关的。

首先，蝙蝠的后肢非常短小，而且是和宽大的翼膜相连接的，这样一来，每当它们降落到地面上时，只有将其身体和翼膜都放低靠近地面，在翼膜的辅助之下才能行走。显而易见，这样的爬行方式让蝙蝠很吃力，而且不是很灵活，在遇到危险时更不易逃脱。而当蝙蝠在高处倒挂着，遇到危险时，它们就可以迅速松开爪子，借助身体的下沉轻松地起飞，快速逃离危险。

其次，蝙蝠一般都是居住在各种各样的山洞中，或者在古老建筑的缝隙、岩缝、天花板以及树洞中。倒挂的睡觉姿势，可以使蝙蝠的身体不会碰到冰冷的岩壁，避免身体热量流失，从而有效地保持温暖。

## 悦读必考

1. 用下列字组词。

储（　　　）　　扰（　　　）　　眠（　　　）

2. 请写一篇关于“保护动物”的公告。

______________________________

______________________________

# 锐眼竞赛

### 问题4

什么动物把蘑菇搬到树上，挂在树枝上晒干？

## 问题5

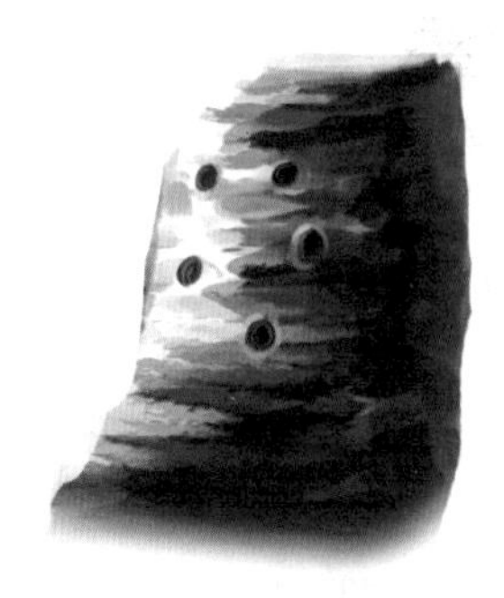

这棵老桦树树干上的小洞是谁留下的？它为什么要这么干？

## 问题6

这是谁做的坏事？将树皮全啃掉了，还将树枝咬断了？

秋季第三月 | 11月21日到12月20日

# 迎接冬客月

·太阳进入人马宫·

# 一年：12个月的欢乐诗篇——11月

11月——秋冬参半月！在这个月份，秋天开始做它的第三项工作：给水戴上枷锁，再用雪把大地盖起来。

**参半**
各占一半。

**枷锁**
旧时的两种刑具。比喻所受的压迫和束缚。

现在，河面上亮闪闪的，冰已经把水封了起来。但是，如果你走过去，轻轻地踩它一下，它就会“咔嚓”一声裂开，把你拽进冰冷的水里。雪也没有闲着，所有的翻耕田，都盖上了一层雪被。在它下面，作物都停止了生长。

不过，现在还不是冬天，只是冬的前奏曲。几个阴天以后，太阳会出来一会儿。黑色的蚊虫从树根下钻出来，在半空中飞舞；金黄色的蒲公英也悄悄探出头。但树木已经沉睡了，要等到明年春天才能醒来。

伐木的季节已经来到了。

## 悦读链接

### 蒲公英

蒲公英是菊科蒲公英属多年生草本植物的统称。蒲公英的物种特征是秋天头顶上那一团白色的绒球，风一吹，就随风飘散了。有人以为那是蒲公英的花，还赋予了蒲公英“无法停留的爱”的花语。其实，蒲公英的花在初夏开放，是黄色的，所以又有“黄花地丁”的别称。而那团白色绒球是蒲公英种子上白色冠毛结成的，绒球被风吹散后，种子落到哪里就在哪里孕育新的生命。

## 悦读必考

1. 给下列拼音注上声调。

枷锁（jia suo）　参半（can ban）　蒲公英（pu gong ying）

2. 秋末，虽然很多水面上已经结冰了，但是冰层很薄，在冰层上玩耍非常危险，请制作几条标语作为警示。

______________________________

______________________________

______________________________

# 森林大事典

## 依旧热闹的森林

呼啸的寒风在森林里肆虐，光秃秃的白桦树、赤杨树随着寒风不停地左摇右摆，最后一批候鸟匆匆忙忙地离开了故乡。

**呼啸**

（风）发出高而长的声音。

现在，树枝上没有一片树叶，地面上没有一株青草，太阳懒洋洋地躲在灰色的乌云后，甚至不愿意将它的脸露出来。多么凄凉的景色啊！

突然，在黑色的沼泽地上，开出许多五光十色的“花儿”。那些“花儿”大得出奇，有白色的、红色的、绿色的，还有金黄色的。它们有的落在赤杨的枝上，有的黏在白桦的树皮上，还有的散落在草地上，在阳光的照耀下闪烁着夺目的光彩。

**五光十色**

形容色彩鲜艳，花样繁多。

**闪烁**

光亮晃动不定、忽明忽暗，闪耀。

突然，这些“花儿”动了起来，从这棵树跑到那棵树，从这片树林飞到那片树林！原来是我们的冬客到了！

瞧，红胸脯、红脑袋的朱顶雀，烟灰色的太平鸟，深红色的松雀，绿色

的交嘴雀，黄羽毛的金翅雀，还有胖乎乎的小灰雀……它们都是从寒冷的北方飞到我们这儿过冬的。是啊，鸟儿也各有各的习惯：有的愿意飞到印度、埃及，或者飞到美国、意大利去过冬，可有的却宁愿来到我们列宁格勒！在我们这儿，冬天，它们照样觉得很暖和，并且每一只都能吃得饱饱的。因为我们这儿即使是冬天也有的是松子、云杉和其他浆果。

当然，并不是所有的“客人”都来自北方。你看，那在矮小的柳树上婉转啼叫着的、长着花瓣似的小白翅膀的白山雀就是从东方来的。它们飞过风雪咆哮的西伯利亚，越过山峦重叠的乌拉尔，飞到我们这儿来了。它们要在这里待上整整一个冬天，直到明年春暖花开才返回故乡。

婉转

形容言辞委婉含蓄，也可用来形容声音动听。

山峦

连绵不断的群山，一眼望不到边的山。

## 该睡觉了

乌云遮住了太阳，天空中纷纷扬扬飘起了雪花。一只肥胖的獾，呼哧呼哧地向自己的洞口走去。它心里很不痛快：森林里又泥泞，又潮湿。看来，应该早一点儿钻到干燥、整洁的沙洞里去睡懒觉了！

雪越来越大，一只老乌鸦站在树顶上，哇哇地大叫起来。原来，在不远处，有一具冻僵的动物尸体！随着它的叫声，飞出了许多乌鸦，一起向那具动物尸体飞去！吃完了这顿美餐，它们也该休息了。

纷纷扬扬

形容雪、花等多而杂乱地在空中飘舞，也形容消息、流言广为传布。纷纷，众多。扬扬，飘落的样子。

现在，林子中一片寂静，灰色的雪花落在树枝上，落在草地上，不一会儿，到处都变成了灰蒙蒙的。在这层灰色的雪被下，大地也开始沉睡……

## 最后的飞行

11月已经快过完了，天却变得暖和起来，只是积雪并没有融化。

一天早晨，我出去散步，看见到处都是黑色的小蚊虫，它们有气无力地扇动着翅膀，在空中划出一个半圆，然后便侧着身子落到了雪地上。

午后，太阳光强烈了些，雪开始融化。一团团又湿又冷的雪团从树枝上掉下来。这时候，不知从哪儿又钻出来许多小苍蝇，也是黑黑的。它们贴着地面，兴高采烈地舞动着。它们是从哪儿来的？夏天，我怎么从来也没有见过它们呢？我有些想不明白。

晚上，天又凉了下去，那些小蚊虫和小苍蝇都不见了。

有气无力

形容说话声音微弱，做事精神不振。也形容体弱无力。

兴高采烈

兴致高，精神饱满。采，神采，精神。烈，热烈。

## 追逐游戏

这个月份，许多松鼠从

北方搬到了我们这儿的森林里。它们坐在松树上，用后爪抓住树枝，前爪捧着松果大嚼着。突然，有只松鼠一不小心，让手里的松果掉了下去。它蹿下树干，朝那颗松果追去。就在这时，从一堆枯树枝里，露出一个小脑袋和两只锐利的小眼睛，是貂！松鼠立刻放弃了追逐松果，转身蹿上了一棵大树。在它身后，貂顺着树干，也飞快地向上爬去。松鼠跳上了另一棵大树，貂当然不甘心，它把细细的身子缩成一团，脊背弯成弧形，纵身一跳，也跳上了那棵大树。松鼠沿着树干飞跑起来，貂在它身后紧紧地跟着……这样的游戏，整个冬天都在上演。有时，松鼠会逃脱，有时，貂会胜利。

锐利
（眼光、言辞等）尖锐、犀利。

## 兔子的诡计

半夜里，一只灰兔子偷偷地钻进了果园。小苹果树的皮又脆又甜，非常好吃。快到早晨的时候，这只灰兔子已经在啃第二棵小苹果树了。雪落在它的头上，它也不理会，只是一个劲儿地大嚼着。

村子里的公鸡已经叫了三遍，狗也“汪汪”地狂吠起来。这时，灰兔子才清醒过来：天亮了！好在这会儿人们还没有起床，赶紧趁这个机会跑回森林吧。可是，下了一夜的雪，到处都是白茫茫的，它那身棕红色的皮毛，隔得老远都能看到啊。灰兔子不禁羡慕起白兔子来，现在，它们可是浑身雪白的呀！

羡慕
爱慕，钦慕，因喜爱他人有某种长处、好处或优越条件等而希望自己也拥有。

可话说回来，就是白兔子也不行啊！周围都是积雪，印上去的每一个脚印、每一个爪痕，都可以看得清清楚楚。唉，不管了，还是先跑吧！

灰兔子蹿出了果园，飞快地跑过田野，穿过森林。在它身后，是一串清晰的脚印。

这可怎么办啊？脚印会把自己暴露出来的。于是，灰兔子只好使起计策：把自己的脚印弄乱。

**暴露**

指露在外面，无所遮蔽，显露，揭露（隐蔽的事物、缺陷、矛盾、问题等）。

这时，村子里的人已经醒了。园主人来到果园一看——我的天哪！那两棵顶好的小苹果树都被啃掉了皮！他又往树底下一瞧，立刻恍然大悟，那儿有许多兔子的脚印！园主人举起拳头，生气地喊道："等着瞧吧，你可得用你的皮来偿还我的损失！"

**偿还**

归还所欠的。多用于债务、命案或各种实物等。

他立刻回到屋，带着猎枪出了家门。

瞧，兔子就是在这儿跳过篱笆，然后朝田野跑去的！

"哼，这点儿诡计还骗不到我！"园主人想着，跟着脚印一直追到森林，追到灌木丛。在那儿，兔子围着灌木转了两圈，然后横穿过自己的脚印，不见了！这是怎么回事啊？周围全是雪地，就是它用力蹿到别处，也应该看得到啊！

园主人弯下腰，仔细查看那些脚印。哈哈，原来兔子顺着自己的脚印回去了！它每一步都准确地踩在自己原来的脚印上，不仔细看，还真是看不出来呢！

于是，园主人顺着脚印往回走去。走着走着，咦？怎么又回到田野里来了。这么说，自己并没有识破兔子的诡计？

识破
看穿，看破。

他转过身，又顺着那双层的脚印走了回去。哈哈，原来如此！只见这些脚印只有一段，再往前又是单层的了！看来，它是从这儿跳到一边去了。果然，顺着脚印的方向，一直走到灌木丛，脚印又变成了双层。等越过灌木丛，又变回了单层！这个狡猾的家伙，就这么一路回旋着、跳跃着前进呢！

前面又是一片灌木丛，脚印没了，它准是藏进灌木丛里了！园主人弯下腰，可什么也没有！他又猜错了。兔子躲在附近不假，可它并没有进灌木丛，而是藏到了一堆枯树枝下面。它缩在那儿，偷偷抬起头，两只穿着毡靴的脚从它的眼前走了过去。

兔子悄悄地从隐蔽的地方钻出来，像箭一样跑过灌木丛，没影了！最后，园主人只好垂头丧气地回家去了。

垂头丧气
形容因失败或不顺利而情绪低落、萎靡不振的样子。垂头，耷拉着脑袋。丧气，神情沮丧。

## 去问问熊吧

为了躲避寒风的侵袭，熊喜欢把自己的家安在低洼的地方，甚至是沼泽地或云杉林里。

可是，有一件事很奇怪，那就是：如果这个冬天不太冷，那么，所有的熊都会把它们的家安在高高的土丘或小山岗上。这件事，是经过几代猎人查证过的。

查证
调查证明。

说起这里面的道理，其实很简单：因为如果冬天不太冷，雪就会融化，而熊最怕的就是融雪天。你想，一股股融化的雪水顺着山坡一直往下流，流到低洼的熊洞里，流到它的肚皮底下。然后天气又忽然变冷，雪水重新结成冰，将它那毛茸茸的皮外套冻成一块铁板，那可怎么办呢？那时，它就顾不上睡觉了，只能跳起来满森林乱跑，活动冻僵的身体。可是，如果不睡觉，又不停地运动，很快就会把身体里储存的热量消耗干净的！到那时候，只有吃东西才能补充体力了！可是，在冬天的森林里，一片死寂，到哪里去找食物呢？正是因为如此，所以，如果预见到这个冬天会很暖和，熊就会给自己挑个高一点儿的地方做窝，免得在融雪天变成一块不停跳跃的铁板！

储存
积蓄存放。

跳跃
两脚用力离开原地向上或向前跳。

可是，它们是怎么知道这个冬天是暖和还是寒冷呢？这个我们还不知道。要是你想弄明白，就请你钻到熊洞里，去问问熊吧！

## 不速之客

我们这儿的森林里，又来了一个不速之客。要想见

不速之客
指没有邀请而自己来的客人，指意想不到的客人。速，邀请。

到它，可不太容易。夜里太黑，什么也看不见。白天呢？又不能把它和雪区分开。这很简单，因为它全身都披着白色的羽毛，它的名字叫雪鸮，是从北极来的。它的个头儿和猫头鹰差不多，只是力气稍微小些，只能捉那些飞鸟、老鼠和兔子。

现在，它的故乡到处都是冰雪，天冷得要命，那些小动物们都藏到了深深的洞里，鸟儿也都飞走了。它没有吃的了，只好飞到我们这里，明年春天再回去。

## 啄木鸟的打铁场

在我们菜园的后面，有许多白杨树和白桦树，还有一棵已经很老很老的云杉，上面还挂着几个球果。

这天，飞来了一只五彩啄木鸟，它是来吃云杉球果的。它落在树枝上，伸出长长的嘴巴啄下一个球果，把它塞进树干的裂缝里。接着，它开始用嘴巴不停地敲打这个球果，直到把里面的果仁啄出来，这才把这个球果丢下，去啄食另一个。然后，它又

裂缝
一条细长的开口，细隙缝。

会把第二个球果塞在这条裂缝里，继续敲打。然后是第三个、第四个……就这样，一直忙到天黑，它才离开。

## 严格地遵循计划

很久以前，俄罗斯有句谚语：在森林里干活儿，离地狱不远了。从这句话，我们可以想到，古时候樵夫的工作有多可怕。他们手持斧头，整年埋头在幽暗的大森林里。我们想想，一个人要有什么样的体力，才能一天到晚挥动着斧头砍树，从不停歇呢？要有什么样的体魄，才能在寒风呼啸、冰天雪地的森林里劳作呢？而夜里，还要缩在没有烟囱的小屋子里，仅靠一件薄外套取暖！

冰天雪地
形容冰雪漫天盖地。

可现在，所有的一切都改变了！连他们的名称也改了！现在，我们叫他们“伐木工人”。当然，他们再也不用挥舞斧头了，如今，所有的工作都由机器来替人们做。

首先是履带拖拉机。这是个庞大的钢铁怪物，在人的操作下，它可以穿过密密的森林，轻而易举地将那些百年老树连根拔起，然后再将地面铲平，修出一条宽宽的道路。

履带
由主动轮驱动，围绕着主动轮、负重轮、诱导轮和托带轮的柔性链环，履带式车辆在其上行进。

随后，装在汽车上的流动发电站，便会从这条道路上跑过去。跟在它后面的，是手拿电锯的伐木工人。他们只要一按电锯的按钮，不消半分钟，一棵直径超过半米的老树就会被拦腰锯断！等这片树木全都被锯倒以后，流动发电站又会开往新的地方。而在它刚刚待过的地方，出现了一辆运树机。它伸出巨大的爪子，一下子抓起几十棵大树，把它们拖到木材运输路上。

在这条路上，一个司机正开着长长的敞车等在那里。不久，这些树木就会被装上车，运送到木材场。在那里，工人们将这些木材加工，整理成圆木、木板和木料纸浆。

你看，这多简单，多快捷！不过，在这样强大的技术条件下，我们必须遵循严格的砍伐计划，要不然，如果这么无止境地砍伐下去，即使是最富有的森林，也会很快变成荒漠！所以，每次，我们刚砍下一片树木，便会立刻再造一片新林。

止境

形容事物发展的结束状态，结尾。

## 悦读链接

### 拖拉机

拖拉机是一种用于牵引和驱动工作机械完成各项移动式工作的自走式动力机。早在19 世纪30年代，就已经有人开始研制蒸汽机，以它们为动力牵引农机具进行农业作业。1856年，法国的阿拉巴尔特发明了最早的蒸汽动力拖拉机。1873年，美国伊利诺伊州的帕尔文也独立制造了自己的拖拉机。早期的拖拉机其实就是没有铁轨的小火车，很容易陷入田里。内燃机的发明，使得拖拉机的设想成为现实。直到20世纪初，履带的发明，才让拖拉机开始走上成功之路。坦克的发明，就是参考了拖拉机的样子。

## 悦读必考

1. 仿照下面的句子，写一个排比句。

鸟儿也各有各的习惯：有的愿意飞到印度、埃及；有的飞到美国、意大利去过冬；也有的宁愿来到我们列宁格勒！

________________________________________

2. 如果兔子皮毛的颜色变白得很晚，那这个冬天是来得早，还是来得晚？为什么？

________________________________________

________________________________________

# 在集体农庄里

冬天来了，田里的工作都结束了。现在，在集体农庄里，女人们忙着给牲畜布置家，男人们则为它们准备粮草。而更多的庄员们则是去砍伐树木。孩子们也没闲着。白天，他们把捕鸟的网子布置好，晚上回来，一边等鸟儿落网，一边读书、做作业。

徘徊

在一个地方来回地走，比喻犹豫不决，也比喻事物在某个范围内来回浮动、起伏。

## 我们的心眼儿比它们多

一场大雪后，我们发现，老鼠在雪底下挖了一条长长的地道，一直通到了苗圃的小树前。可是，我们的心眼儿比它们多多了。我们把每棵小树周围的雪都踩得结结实实的。这样，老鼠就没有办法钻到小树跟前了。即使有些侥幸能钻出地面，但很快也会被冻死的。

还有兔子，它们也常常在我们的果园边徘徊，伺机啃食树皮。我们也想出了对付它们的办法，那就是把每棵小树都用稻草或云

杉枝围起来！

## 吊在细丝上的房子

冬天，我们经常会看到这么一种小房子，房子是用树叶做成的，墙壁薄薄的，最多只有一张纸那么厚，什么防寒设备也没有。最奇怪的是，它不是建在地面上，也不是建在树枝上，而是用一根细细的丝吊在果树上，风一吹还来回摇晃。

如果你见到这种小房子，一定要记得把它取下来，烧掉！因为住在这种房子里面的，都是一些坏家伙——苹果粉蝶的幼虫！如果让它们留下来过冬，那等到春天的时候，它们就会把果树的芽儿和花儿全都啃坏！

设备

指可供人们在生产中长期使用，并在反复使用中基本保持原有实物形态和功能的生产资料和物质资料的总称。

## 棕黑色的狐狸

今年，在红旗集体农庄里，人们建起了一个养兽场。昨天，第一批小兽来到了这里，那是一群棕黑色的小狐狸。人们从四面八方跑来，欢迎这批新居民。

很多小狐狸都用怀疑的眼光看着这些欢迎的人群，只有一只例外，它漫不经心地瞅了大伙儿一眼，竟然舒舒服服地打了个哈欠。

四面八方

指各个方面或各个地方。四面指东、南、西、北，八方指东、东南、南、西南、西、西北、北、东北。

## 树莓的被子

上个星期天，一个名叫米克的孩子，到曙光集体农

曙光

指破晓时的阳光。比喻已经在望的光明前景。

庄去玩。在树莓旁边，他碰到了农庄工作队的队长费多谢奇。

“老爷爷，您这些树莓不怕冻坏吗？”米克假装内行地问道。

“冻不坏的。”费多谢奇回答，“在雪底下，它们可以平平安安地过冬。”

“在雪底下？”米克吃惊地问，“老爷爷，您没说错吧？这些树莓比我还高呢！难道说，您认为会下这么厚的雪吗？”

“呵呵，聪明的孩子，请你告诉我。难道冬天时，你盖的被子比你站起来还要高吗？”费多谢奇笑着问。

不屑

认为不值得；轻视。

“这和我的身高有什么关系？”米克有些不屑地笑起来，“每个人都是躺着盖被子的。难道您不是吗？”

“我的树莓也是躺着盖被子的。”费多谢奇也笑起来，“不过，聪明的孩子，你是自己躺下的，而树莓是由我来帮它们躺下的。我把它们都弯在一起，绑起来，它们就躺下了。”

“老爷爷，原来您比我想象的聪明得多啊！”米克说。

“可惜，孩子，你却没有我想象中的聪明。”费多谢奇说。

## 小帮手

现在，在集体农庄的仓库里，经常可以看到好多孩子。他们有的帮助挑选春播作物的种子，有的则在菜窖里帮忙，收拾马铃薯。

在马厩和铁工厂，也有许多孩子。还有牛栏、猪圈、养兔场和家禽栏里，也可以看到他们的身影。虽然他们的功课很忙，但他们总会抽出时间来农庄帮忙。

马厩

饲养马的房子。

**悦读链接**

### 虫　蛹

蛹是完全变态昆虫从幼虫变化到成虫的一种过渡形态。因为蛹是不活动的，而且缺少防御敌害和躲避危险的能力，特别是昆虫在蛹期会发生巨大的生理改变，很容易受到外界的影响，所以蛹期是昆虫最脆弱的时期，也是消灭一些害虫的最好时期。因此，很多昆虫幼虫在化蛹之前，往往还要寻找适当的化蛹场所，一些昆虫在这一期间吐丝作茧或钻进土里、树皮下、砖缝内。

蝴蝶及蛾（鳞翅目）的蛹，大多没有特殊的保护物（蚕蛾是特例），仅以保护色等方式躲避天敌，这个时候是消灭它们的最佳时期，比在幼虫期、成虫期喷洒农药的环境成本更低、灭虫效果更好。

## 悦读必考

1. 将下面的对话改写成转述句。

“老爷爷，原来你比我想象的聪明得多啊！”米克说。

______________________________

______________________________

2.想一想，为什么“雪被”可以保护树莓不被冻坏？

______________________________

______________________________

# 城市新闻

## 华西里岛区的乌鸦和寒鸦

每天下午，都会有来自华西里岛区的大批乌鸦和寒鸦，聚集到斯米特中尉桥下游的冰上。它们在那儿吵吵闹闹，好一阵后，才返回华西里岛上的花园里去过夜。

> 聚集
> 集合；凑在一起。

## 奇怪的侦察员

现在，果园和坟场的灌木和乔木，都需要人的保护。可是，它们的好些敌人，人类是对付不了的。于是，园丁们就找来了一群特殊的侦察员。

> 侦察员
> 应为“侦查员”，侦察敌情的人员。侦察，为获取敌方与军事斗争有关的情况而采取的行动。

它们的首领是戴着红红的帽圈的五彩啄木鸟。它的嘴就像一把长剑，能伸到最细小的树缝里。这会儿，它正大声地发布着命令："快克！快克！"

随着命令声，飞来了各种山雀。有戴着尖顶高帽的凤头山雀，也有帽子上插着短钉的胖山雀，还有穿着浅黑色礼服的莫斯科山雀。另外，在这支队伍里，还有穿着浅褐色外套、嘴巴像锥子一样的旋木雀以及穿着天蓝色制服、系着白领结的。随后，在"司令官"的带领下，这支队伍出发了。

它们飞到果园，来到坟场，并且很快便找到了自己的位置。啄木鸟趴在树干上，用它那又尖又长的舌头，将躲在树皮里的害虫钩出来。头朝下，围着树干转起圈儿，只要看到哪条缝隙里有害虫，就把那柄锋利的短剑（它的嘴巴）刺进去。旋木雀伸长它那弯弯的小锥子，敲打着树干。青山雀成群结队地在树枝上盘旋，没有一只害虫能逃过它们那锐利的眼睛和尖利的嘴巴。

成群结队

众多的人或动物结成一群群、一队队。形容人或动物很多，自然地聚集在一起，后来也比喻团结一致。成，能够，达到一定数量。结，系。

## "陷阱"餐厅

如今，我们那些美丽的"小朋友"——鸣禽，挨饿受冻的日子到了。请大家多关心关心它们吧！

如果你家有花园或院子，就请你为它们准备好防寒设备吧，让它们有个安身的地方！

你可以造一座小房子，再在房子的露台上放一些大麦、小米、面包屑、奶酪或是葵花籽，将它布置成一个餐厅的样子。用不了多久，就会有客人光顾的！如果你想让它们住下来，你可以拿一根细铁丝或者细绳子，一头拴在露台的小门上，一头经过窗子，通到你的房间。它们吃东西的时候，你只要轻轻地拉一下铁丝或是绳子，小门就会“砰”的一声关上，它们就会被留在里面了！

光顾

敬辞，称客人来到。

悦读链接

## 鲁迅写捕鸟

“冬天的百草园比较的无味；雪一下，可就两样了。拍雪人（将自己的全形印在雪上）和塑雪罗汉需要人们鉴赏，这是荒园，人迹罕至，所以不相宜，只好来捕鸟。薄薄的雪，是不行的，总须积雪盖了地面一两天，鸟雀们久已无处觅食的时候才好。扫开一块雪，露出地面，用一支短棒支起一面大的竹筛来，下面撒些秕谷，棒上系一条长绳，人远远地牵着，看鸟雀下来啄食，走到竹筛底下的时候，将绳子一拉，便罩住了。但所得的是麻雀居多，也有白颊的“张飞鸟”，性子很躁，养不过夜的。”

——《从百草园到三味书屋》

## 悦读必考

1. 下列各项对加点字注音正确的是（　　）

A. 特殊（zhū）　　B. 缝（féng）隙

C. 陷阱（jǐng）　　D. 奶酪（gè）

2. 解释词语，理解词义的不同。

侦查：____________________

侦察：____________________

# 狩　猎

## 猎灰鼠

你可能会说："一只灰鼠能有多大用？捉它干什么？"告诉你吧，对我们国家的狩猎事业来说，灰鼠比什么都重要！想想看，那华丽的灰鼠尾巴，可以做帽子、衣领、耳套和其他许多防寒用品。在我们国家，每年都要消耗掉几千捆灰鼠尾巴！而去掉了尾巴的灰鼠皮，用处就更大了，可以做大衣、披肩，又轻便又暖和！

所以，第一场雪过后，猎人们便出发去猎灰鼠了。他们或成群结队，或单独行动，在森林里一住就是几个星期。那儿有许多土窑和小房子，猎人们就在那儿过夜。每天，天一亮，他们就套上又短又宽的滑雪板，在雪地上走来走去，忙着安置捕兽器或是布置陷阱。

不过，在猎灰鼠时，除了捕兽器这些设备，猎人们还需要一个伙伴——北极犬。它们就像猎人的眼睛，没了它们，什么也干不成。

北极犬是我们这儿特有的猎狗，就冬天在森林里协助猎人打猎的本事来说，没有任何猎狗能赶得上它！

夏天，它会帮你把野鸭从芦苇里赶出来；秋天，它会帮你打松鸡或黑琴鸡；到了大雪纷飞的冬天，它又会帮你找到麋鹿和熊。不过，最令人惊奇的是，它能帮你找到灰鼠、貂、猞猁等这些住在树上的野兽。无论那些

**大雪纷飞**
雪花大量飘落的样子。形容雪下得大。纷，多而杂乱。

家伙躲得多么隐蔽，它都能帮你找出来！要知道，其他任何一种猎狗，都没有这个本事的！

可是，北极犬既不会飞，也不会上树，它到底是怎么找到那些野兽的呢？原来啊，它有三件宝贝——灵敏的嗅觉、锐利的眼睛和机灵的耳朵。

灰鼠趴在树上，刚伸出爪子抓了一下树干，北极犬就已经察觉了——这儿有小兽！

灰鼠的身影刚在枝叶间一闪，北极犬的眼睛也已经看到了——它在这里！

一阵微风，把灰鼠的气味吹到了下面。北极犬的鼻子已经向主人报告了——它在那儿！

正是因为拥有了这三件法宝，所以很少有灰鼠能逃过北极犬的追捕。

不但如此，一只好的北极犬，如果发现了灰鼠的踪迹，绝不会扑上去，甚至连轻轻地摇晃一下树干也不肯，因为那样会把隐藏在树上的灰鼠吓走的！它们只是静静地蹲在树下，目不转睛地盯着灰鼠藏身的地方，直到主人端起枪。而这个时候，灰鼠的注意力早就被北极犬吸引过去了，根本注意不到悄悄走

隐蔽
借助别的东西，遮盖掩藏起来。

法宝
神话中说的能制伏或杀伤妖魔的宝物。比喻用起来特别有效的工具、方法或经验。

目不转睛
眼珠子一动不动地盯着看。形容注意力高度集中。

近的猎人！这时，猎人只需瞄准，扣动扳机就行了。

> **扳机**
> 枪上的机件，射击时用手扳动它使枪弹射出。

不过，还有一件事要注意，就是打灰鼠的时候不要用霰弹，而要用小铅弹，并且要尽量朝它的脑袋开枪，免得破坏灰鼠皮！

在整个冬天，只要雪不是太深，猎人们就会一直住在森林里，猎杀灰鼠。因为只要一到春天，它们就会脱毛了。

## 带着斧子去打猎

猎人们猎杀灰鼠，需要的是北极犬和猎枪。可要是打那些白鼬、伶鼬什么的，就需要带着斧头了。道理很简单，因为北极犬只会找出白鼬、伶鼬或者水貉、水獭的藏身之地，至于怎么将它们从藏身的地方撵出来，就是猎人自己的事情了。

不过，这件事做起来可不容易。这些小兽的家，通常都安在地底下、乱石堆里或者树根底下。并且，不到最后关头，它们是不会离开自己的家的！所以，这个时候，猎人不得不亲自用铁棍伸进洞里搅动，或者用斧头劈开粗大的树根，敲碎冰冻的泥土，将它们赶出来。

插翅难逃

插上翅膀也难逃走。比喻陷入困境，怎么也逃不了。形容被围或受困而难以逃脱。

但是，只要它们一出来，就插翅难逃了！因为北极犬绝不会放过它们！它会猛扑过去，死死地咬住猎物，直到将它们咬死为止。

## 猎　貂

稀烂

很烂；很破碎。

貂是森林里最狡猾的动物之一。要想找出它们捕食鸟兽的地方并不太难。通常，那里的雪会被踩得稀烂，而且会有一些血迹。可是，要想找到它们吃饱喝足后藏身的地方，就需要有一双锐利的眼睛了。

观察

指细察事物的现象、动向。

因为，它们是在空中奔跑的。从这根树枝跳到那根树枝，从这棵树跳到那棵树，就和灰鼠一样。不过，如果细心观察，还是会发现一些痕迹：一些折断的小树枝、绒毛、球果、被抓下来的小块树皮等。一个有经验的猎人，凭着这些痕迹就能判断出它们在空 中的行程。不过，有时这段行程会很长，甚至达到几千米。所以，

即使一个有经验的猎人，也要非常注意，才能毫无差错地捕捉到它们的踪迹，将它们抓获。

那次，塞索伊奇发现了一只貂的痕迹，那是他第一次发现貂。当时，他没带猎狗，于是便自己顺着那只貂留下的痕迹追了下去。他踏着滑雪板，一会儿很有把握地走上一二十米，因为在那里，貂曾经落到地上，留下了脚印，一会儿他却只能慢慢向前走，找出那些不易被察觉的标志。

黑夜来临时，塞索伊奇还没有看到貂的影子。他找了块空地，生起一堆篝火，掏出一块面包嚼起来。好歹要先熬过这个漫长的冬夜。

篝火

泛指一般在郊外等地方，用木材或树枝搭好的木堆或高台，点燃形成的火堆。

第二天早晨，那些痕迹把塞索伊奇带到一棵已经枯死的云杉前。在这棵云杉的树干上，塞索伊奇发现了一个树洞，那只貂肯定是在这个树洞里过夜的，而且可能还没出来！

于是，塞索伊奇拿起一根树枝照着树干重重地敲了一下，然后赶紧端起枪，准备等那家伙一出来，就给它一枪！可是什么也没有。他又举起树枝，狠狠地敲了一下，貂还是没出来。

懊恼

因委屈、懊悔而心里不自在。

“准是睡熟了！”塞索伊奇懊恼地想。“出来吧，懒家伙！”说着，他又举起树枝，狠命地敲了一下，震得整片树林都响起来！可还是什么都没有。看来，那只貂并没在树洞里。于是，塞索伊奇又仔细打量起那棵云杉树。这时，他才发现，这棵树是空心的，在树干的另一边还有一个出口。那家伙一定是趁自己盯着树干时从这个出口逃走了。

塞索伊奇有些懊恼，只好接着往前追去。

又一天过去了。天快黑时，塞索伊奇循着踪迹找到一个松鼠洞。雪地上有好些脚印，还有几块被抓下来的树皮。很明显，那家伙闯入了松鼠洞，饱餐了一顿之后又离开了。塞索伊奇接着向前追去，可那些痕迹好像消失了！

不能再追下去了！昨天晚上已经吃光了最后一块面包。在这黑暗的大森林里，一定会被冻死的！

无奈

表示没有办法了，无计可施。

塞索伊奇低声嘟囔着，无奈地往回走去。“要是追上那家伙，只要放上一枪，问题就都解决了！”说这话时，塞索伊奇又来到了那个松鼠洞。他看了看树下纷乱的脚印，气呼呼地端起枪，也不瞄准，就朝洞里开了一枪！是啊，心中的怒火总得发泄一下呀！

抽搐

肌肉不自觉地收缩。

可是，什么东西从树洞里掉出来了？塞索伊奇弯下腰一看，竟然是一只身子细长的貂，还在不停地抽搐呢！看样子正是他追踪的那只！

后来塞索伊奇才知道，这种情况是常有的：貂吃掉松鼠之后，便钻进暖和的松鼠洞，安安稳稳地睡起觉来！没想到，塞索伊奇误打误撞，还是解决了它！

## 黑夜中的黑琴鸡

12月中旬，森林里的积雪已经齐膝了！

那天，太阳刚刚下山，一群黑琴鸡蹲在光秃秃的白桦树枝上，望着玫瑰色的天空出神。突然，它们一只接一只地从树枝上掉了下去，扑进雪地里，不见了！

天完全黑下来了。这是一个没有月亮的夜晚，漆黑漆黑的。

塞索伊奇拿着捕鸟网和火把，来到了这块空地。浸过松脂的亚麻秆，发出刺刺啦啦的响声。他竖起耳朵，一面仔细倾听，一面慢慢地向前走着。忽然，在离他两步远的地方，一个黑乎乎的脑袋从雪底下钻出来！是一只黑琴鸡！明亮的火焰照得它睁不开眼睛，只好打起转儿来！这时，塞索伊奇张开捕鸟网，将这个家伙罩住了！就这样，整整一夜，他用这个办法捉到了许多黑

误打误撞

指事先未经周密考虑。

倾听

认真地听取。

琴鸡。

不过，这个办法只能在黑夜里用。白天，就需要开枪，才能打到它们了！

## 悦读链接

### 毛皮兽

毛皮兽是指毛皮优良的哺乳类动物。

毛皮兽可以分为两类：一类是人类饲养的家畜如山羊、绵羊、牛、猪、兔等；一类是野生动物，如猞猁、黄鼠狼、貂、獭等。

这些哺乳动物的毛皮是重要的工业原料，可以用来做衣服、鞋、帽子、毯子、毡子等。特别是红狐、北极狐、紫貂、黄鼬、水獭等，都是能生产经济价值很高的优质毛皮的毛皮兽。

有的野生种类经过长期驯化，已在人工饲育条件下进行繁殖、改良和利用，逐渐变成了家畜，如水獭。

## 悦读必考

1. 写出至少三个包含动物名称的成语，例如：一丘之貉。

______________________________

2. 仿照下面的句子，写一个夸张句。

他又举起树枝，狠命地敲了一下，震得整片树林都响起来！

______________________________

3. 你认为穿着动物的皮毛好不好？为什么？

---

---

## 锐眼竞赛

**问题7**

在这个屋顶上，总有一个动物在原地打转？它是谁？为什么要这样做？

**问题8**

雪地上的小圆洞是什么？谁在这里过夜了？

## 问题9

这里发生了什么事？树枝间的犄角又是什么动物的？

# 配套试题

## 试卷一

### 一、基础知识。

1. 读拼音写字、词，注意书写工整、正确。

xiāo　　huǎng　　jì diàn　　chà　　yān
（　　）烟　撒（　　）（　　）（　　）紫（　　）红

2. 在划横线字的正确读音下面画上横线。

（1）他们俩躲在屏（bǐng　píng）风后面，敛声屏（bǐng　píng）气，生怕被人发现。

（2）将（jiāng　jiàng）领　　将（jiāng　jiàng）来

3. 同音字填空。

xiàn：（　　）制　呈（　　）（　　）害（　　）索

4. 选择合适的关联词填空。

不论……都……　　之所以……是因为……

不但……而且……　　不是……而是……

（1）它们（　　）选择夜里走，（　　）这样更安全。

（2）这只游隼（　　）偶然出现在这里的，（　　）从奥涅加湖一直跟过来的。

5. 按要求写句子。

（1）您为我们付出了这样高的代价，难道还不足以表达您对中国人民的友谊?

改为陈述句：________________________________________。

（2）乌云遮住了太阳，太空中淅淅沥沥飘起了雪花。

修改病句：________________________________________。

6. 请将左右两边相对应的内容用线段连接起来。

| | | |
|---|---|---|
| 《三国演义》 | 吴承恩 | 将相和 |
| 《西游记》 | 罗贯中 | 大闹天宫 |
| 《水浒传》 | 施耐庵 | 武松打虎 |
| 《史记·廉颇蔺相如传》 | 司马迁 | 草船借箭 |

7. 请将左右两边相对应的内容连接起来。

| | |
|---|---|
| 怪生无雨都张伞， | 天连碧水碧连天。 |
| 地满红花红满地， | 无志空长百岁。 |
| 有志不在年高， | 同到牵牛织女家。 |
| 如今直上银河去， | 不是遮头是使风。 |

8. 以数字开头写四字成语。

一____________　　二____________

三____________　　四____________

五____________　　六____________

七____________　　八____________

九____________　　十____________

9. 判断。正确的打“√”，错误的打“×”。

1.《森林报》是前苏联出版的一份报纸。（　　）

2.《森林报》里有一个著名猎人名叫塞索伊奇。（　　）

10. 语文实践。

我在本学期积累的一个成语是：________________。

我还能用它写一句话：________________。

## 二、阅读理解。

### 黑夜里的惊扰

住在城郊的人们，差不多每天夜里都会听到骚扰声。往往睡得正香，就突然听到院子里闹哄哄的，人们从床上爬起来，把头伸到窗户外观看。只见那些家禽都在使劲儿地扑打着翅膀，叽叽嘎嘎地乱叫。出了什么乱子？是黄鼠狼来吃它们了吗？还是有狐狸钻进了院子？

可是，在石头圈成的围墙里，在装着大铁门的院子里，又怎么会有黄鼠狼和狐狸跑进来呢？

主人们披上大衣，在院子里转了一圈，又检查了一下围家禽的栅栏，一切都正常！

或许，刚才它们只是在做噩梦。现在不是都已经安静下来了吗？

于是，主人回到屋里，安心睡觉去了。可只过了一个钟头，院子里又“嘎嘎嘎”地吵了起来。

到底是怎么回事啊？

主人们打开窗子。黑漆漆的天空中，只有星星发出微弱的光。可是，过了一会儿，夜空中掠过一些奇形怪状的影子，一个接一个，把星星都遮住了！同时还传来一阵轻轻的、断断续续的叫声。这时，主人们才明白过来，原来是迁徙的鸟群。

它们在黑暗中发出召唤，好像在说：“上路吧！离开寒冷和饥饿！上路吧！”

所有的家禽都醒了过来。它们伸长脖子，拍打着笨重的翅膀，望着黑暗的天空中那些自由的兄弟。

过了好一会儿，空中的影子已经消失在远方，叽叽嘎嘎的叫声也听不见了。可院子里那些早已经忘记怎样飞行的家禽，却还在不停地叫着，那叫声又苦闷，又悲凉。

1. 填空。

（1）住在城郊的人们，差不多每天夜里都会听到骚扰声是________发出来的。

（2）夜空中掠过一些奇形怪状的影子，那是________。

2. 文中有________个问句，这些疑问都是________发出的。这属于________描写。

3. 文中“上路吧！离开寒冷和饥饿！上路吧！”在句式上属于________句。

4. 空中的影子已经消失在远方，叽叽嘎嘎的叫声也听不见了。为什么院子里那些早已经忘记怎样飞行的家禽，却还在不停地叫着？为什么说“那叫声又苦闷，又悲凉”？

________________________________

________________________________

________________________________

## 三、习作。

提示：生活需要笑。笑有千姿百态。笑中有喜也有忧……此中滋味，你一定感受过吧！请以“笑”为话题，自选角度，写一篇文章。题目自拟，不少于300字。

要求：1. 内容要真实，把活动的过程写具体。

2. 语句要通顺，要表达出自己的真情实感。

3. 主题突出，准确使用标点符号。

# 试卷二

## 一、基础知识。

1. 下列加点字注音完全正确的一组是（　　）

A. 蝴蝶（dié）　恶作剧（è）　心血来潮（xuě）　为此（wèi）

B. 嫌恶（wù）　嫉妒（jì）　体谅（liàng）　裁缝（cái）

C. 滑稽（jī）　插图（chǎ）　措辞（cuò）　肃杀（sù）

D. 粗糙（cāo）　冗长（rǒng）　怒发冲冠（fà）　差事（chāi）

2. 下列词语书写有误的一组是（　　）

A. 兴旺盛衰　若有所失　人情事故　讽刺意味

B. 昂首阔步　俗不可耐　苦心孤诣　憔悴可怜

C. 尊卑长幼　点缀照应　春风荡漾　微不足道

D. 碌碌无为　满怀愧疚　心动神移　索然无味

3. 下列句子画横线的成语使用不恰当的一组是（　　）

A. 这个庞然大物真的发怒了，它低下头，径直朝声音响起的地方冲去。

B. 青山雀成群结队在树枝上盘旋，没有一只害虫能逃过它们那锐利的眼睛和尖利的嘴巴。

C. 我们不赞成为了应付考试想出一些投机取巧的办法，但在学习上确是有一些比较省力的方法。

D. 今年又是一个丰收年，孩子们在晒谷场上尽情嬉戏，进退维谷的环境是他们开心的乐园。

4. 依次填入下列句子横线处的词语，最恰当的一项是（　　）

只要拥有一颗纯真的心，就可以________烦恼的枷锁，在欢乐的草坪上自由漫步；就可以________失败的阴影，在胜利的阳光下大步前行；就可以________冷漠的坚冰，在热情 的海洋里扬帆远航。

A. 摆脱　赶开　砸开　　B. 驱散　融化　摆脱

C. 摆脱　驱散　融化　　D. 砸开　赶开　驱散

5. 下列句子没有语病的一项是（　　）

A. 如今，所有的都由机器来替人们完成。

B. “神舟六号”遨游太空，航天英雄费俊龙和聂海胜成为世人瞩目的新闻人物。

C. 只要多读多写，日积月累，才能真正学好语文。

D. 对广播电视节目能否使用方言这个特点，我认为是正确的。

## 二、阅读理解。

### 地下的搏斗

在距离我们集体农庄不远的树林里，有个出名的獾洞。谁也不知道，这个洞是什么时候出现的。它虽然叫做“洞”，实际上却是一座几乎被獾挖通了的山岗，里面纵横交错，形成了一个完整的地下交通网。

塞索伊奇带我去看了那个“洞”。我围着它转了一圈，一共发现了63个洞口，这还不算那些隐藏在灌木丛里的，从外面根本看不出来的洞口。

谁都看得出来，这座宽敞的地下隐蔽所里不仅仅有獾，还有别的住户。因为在几个入口处，我们发现了许多鸡和兔子的骨头。这可不是獾干的！它从不捉鸡和兔子。况且，獾很爱干净，从来不把吃剩下的食物乱丢。所以，我们可以很肯定地说，这里还住着狐狸！它们狡猾、邋遢，最爱吃的就是鸡和兔子！

塞索伊奇告诉我，猎人们花了好多工夫，想把獾和狐狸挖出来，可总是白费力气。

“真搞不懂，它们到底跑到哪儿去了！”塞索伊奇说，“我看，明天我们还是拿烟熏吧，看能不能把它们熏出来！”

第二天一大早，塞索伊奇、我，还有一位集体农庄的庄员，拿着铁锹，背着猎枪，一起来到了那座山岗。我们先挖了好多土，将那些分散在各处的洞口都堵上了，只留下两个出口，山岗下一个，山岗上一个。接着，我们搬来许多杜松枝和云杉枝，堆放在下面那个洞口旁。随后，我和塞索伊奇爬上山岗，躲在上面那个洞口附近。这时，那个庄员点燃了下面的树枝，刺鼻的浓烟冒了起来，随着风吹进了那个洞口。

我和塞索伊奇趴在灌木丛里，焦急地等待着，想看看到底谁先从洞里蹿出来！是狡猾的狐狸还是肥肥胖胖的獾？可是，我俩等了很久，除了浓烟，洞口什么也没有。嘿！它们还真有耐性！

这时，我们的“烧炉工人”又找来许多树枝堆在火堆上，烟更浓了，已经飘到了我们这边，熏得我直流眼泪！可我不敢眨眼，更不敢抹眼泪。谁知道野兽会不会趁我抹眼泪的时候蹿出来逃走呢？

又等了好久，胳膊都酸了，还是没有野兽出来。

“你琢磨它们是不是被烟熏死了？”在回去的路上，塞索伊奇问我。可还没等我回答，他便接着说开了，“当然不是。老弟，它们没有被熏死！烟是往上升的，而它们肯定早就钻到深深的地下去了！谁知道那个洞到底有多深呢？”

“也许应该弄一只凫提或是猎狐梗来。”我对塞索伊奇说，“这两种猎狗都很凶猛，可以钻到洞里把野兽撵出来。”

塞索伊奇一听兴奋极了，央求我无论如何也要给他弄一只这样的猎狗来。我答应帮他想想办法。

不久，我有事去列宁格勒，一个熟识的猎人将他心爱的凫提借给了我。

我立刻赶回农庄。谁知，塞索伊奇一见到那只凫提，竟然朝我发起火来。

“你怎么啦！带来这么一只小老鼠！别说是老獾，就是小狐狸崽子，也能把它咬死！”

的确，凫提的外表很滑稽，又小又丑，四条歪歪扭扭的小短腿，好像站都站不直。可是，当塞索伊奇大大咧咧地把手伸向它的时候，这个小家伙恶狠狠地张开大嘴，向他猛扑过去！塞索伊奇赶忙闪到一旁，接着便“嘿嘿”地笑起来：“好家伙，可真够凶的！”

于是，我们立即拿起猎枪，朝那座山岗走去。我们刚走到山岗前，凫提就吼叫着冲进了黑咕隆咚的洞里。

我和塞索伊奇握着猎枪在洞外等着。那洞深极了，站在外面什么也看不见。我忽然有些担心：万一凫提出不来，我还有什么脸面去见它的主人呢？

就在我胡思乱想的时候，地下传来响亮的狗叫声。虽然有一层厚厚的泥土隔着，我们依然听得很清楚。看来，凫提已经发现猎物了。我们仔细听着，那叫声一会儿远，一会儿近，持续了好一段时间，却突然停止了。我们知道，凫提一定是追上了猎物，正和它厮杀呢！

直到这个时候，我才忽然意识到：通常，这样打猎时，猎人应该带上铁锹，等猎狗在地下和敌人一交战，便动手挖它们上面的土，以便在猎狗失利的时候帮助它！可现在，在这个不知道有多深的洞前，我们怎么给它帮助呢？怎么办？凫提一定会死在洞里的！谁知道里面究竟有多少野兽啊！

忽然，又传来几声闷声闷气的狗叫。可我还没来得及高兴，所有的声音都消失了！

过了好久，塞索伊奇懊恼地说："老弟，咱俩可是干了件糊涂事！它一定是遇到狐狸或老獾了！"说到这儿，塞索伊奇迟疑了一下，"怎么样？走吗？还是再等会儿……"他的话音还没落，突然，从一个洞口传来一阵窸窸窣窣的声音。一条尖尖的黑尾巴从洞里伸出来，接着是两条弯曲的后腿和长长的身子，上面沾满了泥土和血迹。是凫提！

我们高兴地奔过去。这时，凫提已经从洞里钻出来了。嘴里还拖着一只肥胖的老獾！看样子，它已经死去多时了！

1. 本文采取的是第____人称的写作手法，文中总共出现了____个猎人。

2. 文中通过哪两点体现了山岗"几乎被獾挖通了……里面纵横交错，形成了一个完整的地下交通网"的特点？

________________________________________

3. 为什么说獾洞里“不仅仅有獾，还有别的住户”？

______________________________________________

______________________________________________

4. 塞索伊奇见到那只凫提，为什么朝我发起火来？后来为什么又懊恼起来？体现了塞索伊奇什么样的特点？

______________________________________________

______________________________________________

## 三、习作。

幸福是什么？幸福在哪里？人们一直在追寻、在寻找。其实，幸福原来就是父母给你的一杯清茶，老师给你的赞许的目光；幸福原来就是你给别人的一声喝彩，你对别人的一次宽容；幸福就是亲近自然的经历，战胜自我的心路……

请以“幸福原来__________”为题目写一篇文章。

要求：1. 在横线上填上合适的词语，把题目补充完整，然后作文。

2. 不少于300字，书写工整、规范。

3. 文中不得出现真实人名、地名、校名。

# 参考答案

## 秋季第一月——候鸟离乡月

### 一年：12个月的欢乐诗篇——9月

1. 颈　项　领　2. 太阳出来，月亮就回家了。

### 森林通讯员发来的电报

1. 鸣　免　问　从　2. 整装待发、五彩缤纷、花哨　3. 那些色彩艳丽、羽毛花哨的鸟儿最先飞走；而那些在春天时最先回来的燕雀、百灵、鸥鸟则是最后一批离开。还有许多鸟迁徙时是年轻的在前面开路，燕雀是雌鸟先飞，比较强壮有力、有耐性的鸟会在故乡多停留一段时间。

### 森林大事典

1. “只要……就”；或“如果……就”　2. 因为它们的犄角又宽又大，就像犁一样。

### 城市新闻

1.（1）A　（2）C　（3）B　2. 也有些是从东方飞到西方，有些正好相反，从西方飞往东方！而我们这儿的一些鸟，则一直向北，飞到遥远的北方去过冬！

### 在集体农庄里

1. 闪　圭　阕　2. 火辣辣　亮晶晶　红彤彤　波光粼粼　白雪皑皑　不甚了了　风风火火　熙熙攘攘　洋洋洒洒　3. 略

### 农庄新闻

1. 圭　圭　2. 请勿在车厢内饮食。　3. 略

### 狩　猎

1. C　2. 你们怎能破坏环境呢？　3. 因为雌鸟明年要孵出整窝的雏鸟。如果打死了雌鸟，野禽就要搬走了。

### 无线电通报：呼叫东西南北

1. 因为　所以　2. 谜底：树叶。其他略。

### 公　告

1. 养育　潜伏　寻觅　2. 雨都下大了，他还在街上不慌不忙地走着。

### 锐眼竞赛

1. 距离地面近的那段白树皮，是被兔子咬掉的。而高处的咬痕，是麋鹿留下的。　2. 小十字是爪印。黑点子是勾嘴鹿留下的。　3. 狐狸

## 秋季第二月——储备粮食月

### 一年：12个月的欢乐诗篇——10月

1. 泥泞　连绵　衣裳　2. 略

### 森林大事典

1. 毕毕剥剥　滴滴答答　叽叽喳喳　2. 谁的本子？是张昊的本子 。

### 在集体农庄里

1. D　2. 略

### 城市新闻

1. 因为它们根本就没有螺旋桨，所以就是它们降低了，你也不会听见螺旋桨的声音的。　2. 略

### 狩　猎

1.（1）究竟　（2）竟然　2. 在树林里，有个獾洞。　3. 略

### 公　告

1. 储备　打扰　休眠　2. 略

### 锐眼竞赛

4. 松鼠　5. 啄木鸟干的。它用长嘴巴将虫子啄出来，就会在树干上留下一个洞。　6. 麋鹿干的。

## 秋季第三月——迎接冬客月

### 一年：12个月的欢乐诗篇——11月

1. jiā suǒ　cān bàn　pú gōng yīng　2. 略

### 森林大事典

1. 亲情是什么？亲情是朔风呼啸的冬夜，母亲手中飞翻的针线；是烈日炎炎的夏日，父亲手中驱蚊的芭蕉扇；是久别重逢后，亲人一句平淡的问话"回来了"。　2. 略

### 在集体农庄里

1. 米克说，老爷爷比他想象的聪明得多。　2. 略

### 城市新闻

1. C　2. 侦查：指刑事诉讼中的检察院、公安等机关为了查明犯罪事实、抓获犯罪嫌疑人，依法进行的专门调查工作和采用有关强制性措施的活动。　侦察：为察明敌情及其他有关作战的情况而进行侦视探查活动。

### 狩　猎

1. 九牛一毛　狐假虎威　虎头蛇尾　2. 他饿得都可以把一头大象给吃了。　3. 略

### 锐眼竞赛

7. 林鸮。它来看看有没有老鼠从这里路过。
8. 黑琴鸡在雪底下住了一夜。　9. 麋鹿换角。麋鹿把犄角在树干上蹭啊蹭，将犄角磨掉了。

## 配套试题

### 试卷一

一、1. 硝　谎　祭奠　姹　嫣　2. (1) píng bǐng　(2) jiàng　jiāng　3. 限　现　陷　线　4. (1) 之所以　是因为　(2) 不是　而是　5. (1) 您为我们付出了这样高的代价，足以表达您对中国人民的友谊。　(2) 乌云遮住了太阳，天空中纷纷扬扬飘起了雪花。　6. 《三国演义》——罗贯中——草船借箭　《西游记》——吴承恩——大闹天宫　《水浒传》——施耐庵——武松打虎　《史记·廉颇蔺相如传》——司马迁——将相和　7. 怪生无雨都张伞，不是遮头是使风。　地满红花红满地，天连碧水碧连天。有志不在年高，无志空长百岁。　如今直上银河去，同到牵牛织女家。　8. 一成不变　二龙戏珠　三山五岳　四面八方　五湖四海　六神无主　七擒七纵　八仙过海　九死一生　十全十美　9. (1) ×　(2) √　10. 略　二、1. (1) 家禽　(2) 迁徙的鸟群　2. 6个　主人们　心理　3. 祈使　4. 提示：悲叹自己失去了飞翔的自由。　三、略

### 试卷二

一、1. D　2. A　3. D　4. C　5. B　二、1. 一　四　2. 洞口多　烟熏无效　3. 在几个入口处，发现了许多鸡和兔子的骨头。　4. 那只鸟提太小了。他以为那只鸟提已经死了。塞索伊奇是一个视猎犬为伙伴的好猎人。　三、略